beck'sche
reihe

b sr

Wie entstehen Gedanken oder Gefühle? Was ist Geist und Bewußtsein? Wie arbeitet das Gehirn? Solche und ähnliche Fragen beschäftigen uns nicht erst seit heute. Doch wer waren eigentlich die Menschen, die das Fundament für die gegenwärtig besonders intensiv betriebene Erforschung des mysteriösesten Organs, unseres Gehirns, legten?

In zwölf biographischen Portraits stellt Peter Düweke Personen vor, die auf sehr unterschiedliche Weise entscheidend zu unserem Wissen über das Gehirn beitrugen. Wir begegnen hierbei wahren Erfolgsstories ebenso wie mühsam erarbeiteten und argwöhnisch beobachteten Forschungsergebnissen, deren bahnbrechende Bedeutung sich erst später erwies. Erstmalig liegt damit ein knapper, leichtverständlicher Überblick über die Entwicklung der gegenwärtig besonders aufmerksam verfolgten Neurowissenschaft vor, der ganz nebenbei mit den wichtigsten Fragestellungen und Antworten der modernen Hirnforschung vertraut macht.

Peter Düweke ist promovierter Biologe und Medizin-Redakteur in Berlin. Daneben ist er als Wissenschaftsjournalist für verschiedene Zeitungen und Magazine tätig.

Peter Düweke

Kleine Geschichte der Hirnforschung

Von Descartes
bis Eccles

Verlag C. H. Beck

Mit 13 Abbildungen

Die Deutsche Bibliothek CIP-Einheitsaufnahme

Düweke, Peter:
Kleine Geschichte der Hirnforschung : von Descartes
bis Eccles / Peter Düweke. – Orig.-Ausg. –
München : Beck, 2001
  (Becksche Reihe ; 1405)
  ISBN 3 406 45945 5

Originalausgabe
ISBN 3 406 45945 5

Umschlagentwurf: +malsy, Bremen
Umschlagabbildung: © Tony Stone Images/David Job
© Verlag C. H. Beck oHG, München 2001
Satz: Fotosatz Amann, Aichstetten
Druck und Bindung: Druckerei C. H. Beck, Nördlingen
Printed in Germany

www.beck.de

*„In jedem Menschen platzt,
wenn er stirbt,
auf Erden ein weiteres All."*

Durs Grünbein

„Rätselhaft, wie so etwas funktioniert, und überhaupt, das ganze Geschehen im Innern des Kopfes, ein nervöser Tumult, Aufruhr, der sich anderswo bemerkbar macht, Herz, Magen, Lunge, Darm, und von dort wieder zurückmeldet, die elektrischen Prozesse verstärkend, die selbst eine Folge der Wahrnehmungen sind, blitzartig aufleuchtende und erlöschende Impulse, winzige Spannungsunterschiede zwischen benachbarten Zellen, im Labor als Tintenkurven zu messen, so das piepsende grüne Flimmern eines medizinischen Geräts, in dem sich das Denken zeigt, taktvoll oder zersplittert, wenn man wach ist, beginnt es zu arbeiten, ist da, wie immer schon, unablässig aus jedem beliebigen Material, aus allem, was durch die Sinne schießt, Ketten von Silben und Worten bildend, ein merkwürdiger Vorgang, bei dem chemische Botenstoffe freigesetzt werden, die meistens wissen wohin, an welchem Zielpunkt sie anzudocken haben, um eine spezielle Wirkung hervorzurufen, ein gutes Gefühl, den Namen einer Farbe, Holzrauch: harzig, auf vielfach sich verzweigenden und kreuzenden Spuren, rasend schnell, wie man in Wirklichkeit auch hört und sieht, schmeckt, Phantasien nachhängt."

Ulrich Peltzer: „Alle oder keiner"

Inhalt

Vorwort 9

*„...und fand mich gleichsam gezwungen,
es selbst zu übernehmen, mich zu leiten."*

René Descartes (1596–1650) 11

*„Ich öffnete auf allerhand Art eine Menge ganz
frischer Hirne (zu denen mir der Krieg mehr als
überflüssige Gelegenheit schaffte)."*
Samuel Thomas Soemmerring (1755–1830) 29

*„Aus allen Anzeichen geht hervor, daß ich als
Schwärmer und exzentrischer Kopf geboren bin
und daß man mich als Kind eher ins Spital als in
die Schule hätte schicken sollen."*
Franz Joseph Gall (1758–1828) 42

*„Leider bin ich nicht, glaube ich, für diese Art
ruhiges Glück zugeschnitten; ich muß diese (...)
Hindernisrennen haben."*
Pierre Paul Broca (1824–1880) 58

„... ich bin nur ein Tollhaus-Theoretiker."
John Hughlings Jackson (1835–1911) 73

*„Es ist mir, wenn mich nicht alles täuscht, gelungen,
jenen hundertjährigen Traum der Physiker und
Physiologen von der Einerleiheit des Nervenwesens
und Elektrizität (...) zu lebensvoller Wirklichkeit
zu erwecken."*
Emil du Bois-Reymond (1818–1896) 86

„*Herr Geheimrath, how does it kill?*"
Charles Sherrington (1857–1952) 100

„*Aus allen diesen Gründen läßt unser hirnanatomischer Befund Lenin als einen Assoziationsathleten erkennen.*"
Cécile und Oskar Vogt (1875–1962, 1870–1959) 114

„*It's Pearl, my girl on Broad Street
That I miss.
My hippocampus tells me this.*"
James Papez (1883–1958) 129

„*Gehirnchirurg ist ein schrecklicher Beruf.*"
Wilder Penfield (1891–1976) 140

„*I have a splitting headache!*"
Roger Sperry (1913–1994) 154

„*Erstaunlicherweise war ich zu zaghaft!*"
John C. Eccles (1903–1997) 166

Literatur 177

Abbildungsnachweis 182

Vorwort

In diesem Augenblick, wenn Sie diese Zeilen lesen, ereignen sich unvorstellbare Dinge in Ihrem Kopf: Ein lautloses Feuerwerk in Ihrer Hirnrinde; wie aus einem magischen Webstuhl, so Charles Sherrington, wird ein Musterbild nach dem anderen hervorgebracht. Andere Autoren sprechen von einer gewaltigen Symphonie im Gehirn. Die zeitliche Präzision, mit der Gehirnprozesse ablaufen, ist überwältigend, und die rasche Integration dieser Prozesse zu einem Ganzen, einem bewußten Moment, ist so wenig faßbar wie der Andromeda-Nebel. Das aktive Gehirn ist auf winzigste Zeitunterschiede eingestellt. Im Jahr 2000 haben deutsche und amerikanische Forscher zum ersten Mal Zellgruppen im Gehirn entdeckt, die geringste Zeitunterschiede messen. Wenn Sie lesen, wird in Sekundenbruchteilen visuelle Information aufgenommen, verarbeitet und vom Sprachsystem in Bedeutung übersetzt – so, wie Sie das einmal in der Schule gelernt haben. Doch es geschieht noch weitaus mehr: Sie lesen nicht nur, was hier steht, Sie hören und sehen, nehmen wahr, was gleichzeitig geschieht, Sie verknüpfen Bedeutungen mit anderen Bedeutungen, mit Erinnertem, mit Einfällen, Empfindungen und Gefühlen: die Präsenz des Gewahrseins – eine schwindelerregende Welt, ein einzigartiger Kosmos, der sich da bewegt, der expandiert, bis er untergeht wie ein verlöschender Stern.

Die Sprache des Gehirns, sollte man meinen, muß ungeheuer kompliziert sein. Sie ist es nicht, sie besteht aus frappierend einfachen Signalen. Ob wir sehen, hören, riechen, ob wir träumen, denken, lieben, uns erinnern, zornig sind oder heiter: immer handelt es sich um Nervenerregungen. Eine einzelne Nervenzelle kann nur Impulse aussenden oder schweigen. Stets zählt allein die Frequenz der Impulse. Sie kann wenige Impulse oder mehrere hundert in einer Sekunde senden, aber jeder Impuls ist immer gleich.

Aus solchermaßen einfachen Signalen besteht die Sprache des Gehirns. Ein Paradox – einfach und kompliziert zugleich. In einer wachen Sekunde schwingen viele Nervenzellgruppen mit rhythmischen Entladungen, die ebenso bedeutsam sein können wie die Schalldruckschwankungen einer Symphonie, raum-zeitlich abgestimmt wie die Takte eines Notensatzes. Die Hirnrinde besteht zum einen aus einer unsichtbaren Felder-Landschaft. Jedes Feld ist – allein oder im Konzert mit anderen – für eine Arbeitsleistung zuständig, z. B. für die Wahrnehmung des drückenden Zehs, die Analyse einer Farbe, das Erkennen eines Gesichtes, das Sprechen eines Satzes. Zum anderen sorgt eine extrem zeitgenaue Abstimmung für das Zustandekommen einer Wahrnehmung oder Funktion. Zahlreiche weit über die Hirnrinde verteilte Zellgruppen entladen sich jeweils synchron, feuern gleichzeitig rhythmische Salven ab. Diese Synchronisation der Ensembles aus Gehirnzellen ist von der Forschung noch nicht wirklich verstanden.

Jedes Gehirn ist anders und hat seine eigene Geschichte. Das Kleinkind hat alles mühsam gelernt, den Geruch und die Stimme der Mutter, das Erkennen und Verstehen der Tischkante, laufen und sprechen. Das Gehirn ist gereift, d. h., es hat sich zu einer Koordinationszentrale organisiert. Etwa im Alter von anderthalb Jahren erfährt das Kind sein Ich, und von da an sind Gefühle Ich-Zustände. Bewußtsein ist Erleben und Erfahren der Innen- und der Außenwelt. Jeder bewußte Moment geht vermutlich aus einem eigenen Gefühlsgenerator hervor, der uns erleben läßt, was mit uns und um uns geschieht. Und hier befinden wir uns vor dem tiefsten Rätsel des Menschseins.

Bis an die Schwelle dieses Rätsels war es ein langer und verschlungener Weg in der Geschichte der Forschung, der Thesen, Theorien und Spekulationen. In unseren Vorstellungen von der Seele haben sich platonische Ideen ebenso erhalten wie die Trennung von Leib und Seele, die der französische Mathematiker und Philosoph René Descartes vortrug. Lange Zeit blieb die Antwort auf die Frage nach Geist und Seele der Metaphysik vorbehalten. Das Geistig-Seelische, so hieß es, unterscheide sich grundlegend vom Physikalisch-Materiellen. Gegenwärtig stellen wir fest, daß sich Materie/Energie in Lebewesen zu komplexen Gehirnen selbst organisiert und offenbar Gedanken, Gefühle und Ich-Bewußtsein hervorbringt. Doch es geht auch heute noch um etwas, das unseren Horizont übersteigt, und wir verstehen nur zu gut, warum es einst allein metaphysisch gedeutet wurde.

Dieses Buch schildert, wie Hirnforscher der letzten vier Jahrhunderte das Geistig-Seelische dingfest zu machen versuchten, ohne seiner wirklich habhaft zu werden. Es zeigt außergewöhnliche Menschen auf ihren Expeditionen ins Innere des Menschseins.

„... und fand mich gleichsam gezwungen,
es selbst zu übernehmen, mich zu leiten."

René Descartes (1596–1650)

Während ihre königliche Familie bedenkenlos den Familienschmuck verzehrt, denkt Elisabeth zurück. Ihr Vater, der unglückliche Friedrich V., hat 1620 sowohl sein Stammland, die Pfalz, verloren als auch sein Königtum in Böhmen, das er nur einen Winter besessen hat. Die Familie des protestantischen „Winterkönigs" ist nach einigen Zwischenstationen schließlich ins Exil nach Holland gegangen. Der Vater ist gestorben, als Elisabeth 14 war, ihr ältester Bruder ist ertrunken, und zwei Brüder sind in der Schlacht gefallen. Die junge Frau versteht die Welt nicht mehr, nicht die Grausamkeiten, nicht den gnadenlosen Kampf um die Religion.

Über drei Jahre schachern polnische Gesandte mit ihrem Onkel, Karl I. König von England, über ihre Verheiratung mit dem polnischen König. Die Verhandlungen scheitern schließlich daran, daß die Polen eine protestantische Königin ablehnen. Mit 18 Jahren hat Elisabeth den Gedanken ans Heiraten aufgegeben. Sie weiß, als verarmte Prinzessin ist sie ohnehin keine gute Partie, und vor allem strebt sie nach Unabhängigkeit. Nicht selten zieht sich die melancholische Frau zum Studieren zurück oder einfach, um allein zu sein – im Gegensatz zu ihrer unternehmungslustigen Mutter, die zur Jagd ausreitet und Bälle und Wasser-Feste gibt. Die Griechin, wie man Elisabeth auch nennt, beherrscht alte und neue Sprachen und interessiert sich für Mathematik, Astronomie, Physik und Philosophie.

Bei ihrer Lektüre stößt sie auf einen französischen Mathematiker und Philosophen, von dem manche sagen, er verbreite eine umstürzlerische Lehre, sei ein radikaler Zweifler, der Sinneswahrnehmungen, Gedächtnisleistungen, sogar selbstverständliche Erkenntnisse in Frage stelle. Es mochte ja sein, daß er Täuschungen unterliege. So paradox es erscheint – erst im tiefsten Zweifel erlangt er Gewißheit. Alles mag ungewiß sein, doch mit Sicherheit gibt es jemanden, der

René Descartes, Gemälde von Frans Hals, um 1640

zweifelt und denkt: das Ich! Zudem hat er eine *Methode des richtigen Vernunftgebrauchs* entwickelt, mit der er gesichertes Wissen über die Welt finden will.

Der Mann, auch er ein Exilant in Holland, arbeitet nicht weit von Den Haag entfernt, in Endergeest, an seinem Hauptwerk *Die Prinzipien der Philosophie*, das er Elisabeth widmen wird. Als ihre Mutter einmal Persönlichkeiten aus der Stadt und der Umgebung zu einem Empfang eingeladen hat, steht er vor Elisabeth, mit langmähniger Perücke und Schnauzbart, ein Mann in mittleren Jahren, verneigt sich und küßt ihr die Hand: Monsieur René Descartes.

Descartes ist von der 24jährigen tief beeindruckt. In seinem ersten Brief schwärmt er, ihr Körper sei „vergleichbar jenen, die Maler Engeln geben". Sie besucht ihn gelegentlich in Egmond in den Marschen, wo er bald wohnt, manchmal besucht er sie. Alles an ihr zieht ihn an, ihre braunen Augen, ihre schwarzen Locken, ihre Figur, ihr Esprit, ihre offene, direkte Art im Gespräch. Schon zu Beginn ihrer Freundschaft brilliert Elisabeth mit Intelligenz. Als der Mathematiker ihr die Aufgabe stellt, zu drei gegebenen Kreisen einen vierten zu finden, der die drei berührt – und dies kurz darauf bereut, da die Aufgabe zu schwer sei –, findet sie eine Lösung.

Dann, in einem Brief vom Mai 1643, kommt sie zur Sache. Sie verstehe nicht, auf welche Weise die denkende, immaterielle Seele so auf den Körper einwirke, daß er gezwungen sei, die gewünschten Bewegungen auszuführen. Von welcher Art denn die Verbindung zwischen Seele und Körper sei, will sie wissen, wenn doch die mechanischen Gesetze es erforderten, daß zwei Körper sich berührten, um Bewegung zu übertragen? So direkt hat ihn noch niemand gefragt. Descartes behauptet in seiner Abhandlung *Von der Methode des richtigen Vernunftgebrauchs*, Leib und Seele seien zwei verschiedene Substanzen, die im Grunde getrennt und unabhängig voneinander existierten. Er stellt fest,

> „daß ich eine Substanz bin, deren ganzes Wesen oder deren Natur nur darin besteht, zu denken und die zum Sein keines Ortes bedarf, noch von irgendeinem materiellen Dinge abhängt, so daß dieses Ich, d. h. die Seele, durch die ich das bin, was ich bin, völlig verschieden ist vom Körper, ja daß sie sogar leichter zu erkennen ist als er und daß sie, selbst wenn er nicht wäre, doch nicht aufhörte, alles das zu sein, was sie ist."

Nun weiß aber auch Descartes, daß Leib und Seele eng miteinander verbunden sind. Daß es einen Körper gibt, schreibt er in *Die Prinzipien der Philosophie*, der mit einer Seele oder einem Geist enger verbunden ist als mit irgendeinem anderen Körper, sei allein aufgrund der Tatsache offensichtlich, daß unsere Wahrnehmung uns Schmerz oder andere unerwartete Sinnesempfindungen vermittele. Nach der alltäglichen Erfahrung eines jeden Menschen sind Leib und Seele untrennbar vereinigt und stehen in Wechselwirkung: Jeder erfährt sich als eine Person aus Körper und Geist, und jeder erlebt, daß sein Geist den Körper in Bewegung setzen sowie bestimmte Körperzustände empfinden kann. Es gebe eine Kluft zwischen Verstehen und Erleben, gibt er Elisabeth zu bedenken:

> „Die Dinge, die zur Vereinigung der Seele und des Körpers gehören, erkennt man durch den bloßen Verstand allein nur dunkel, ja selbst durch den von der Einbildung unterstützten Verstand; aber man erkennt sie sehr klar durch die Sinne. Daher kommt es, daß Leute, die niemals philosophieren und sich lediglich ihrer Sinne bedienen, gar nicht daran zweifeln, daß die Seele den Körper bewegt und daß der Körper auf die Seele einwirkt; sie betrachten vielmehr das eine wie das andere als eine einzige Sache, das heißt, sie begreifen beider Vereinigung (...); und eben in der bloßen Erfahrung des Lebens und des persönlichen Umgangs sowie in der Enthaltung vom Meditieren und Studieren der Dinge, die die Einbildung schulen, lernt man schließlich die Vereinigung von Seele und Leib begreifen."

Die Vereinigung von Leib und Seele erfahre jeder sinnlich, sie sei also jedem offenbar. Gleichwohl lasse sich ihre Wechselwirkung nicht verstehen, wenn der Körper materiell und die Seele immateriell ist.

Damit hinterläßt der Denker der Nachwelt ein bis heute ungelöstes Problem, nämlich die Frage nach der Art der Interaktion von Körper und Seele, wenn beide als im Grunde getrennt aufgefaßt werden.

1644 informiert Descartes die Öffentlichkeit über seine Freundschaft mit Elisabeth und seine Bewunderung für sie. In seiner Widmung der *Prinzipien der Philosophie* schreibt er, sie umarme die Wissenschaften und die Künste, die Mathematik und die Metaphysik gleichermaßen und verstehe seine Schriften besser als jeder andere:

> „Was meine Bewunderung am meisten verstärkt, ist, daß sich so perfekte und vielfältige Kenntnisse aller Wissenschaften nicht bei einem alten Doktor finden, der jahrelang sich selbst gelehrt hat, sondern bei einer Prinzessin, die noch jung ist und deren Gesicht mehr dem einer Grazie ähnelt als einem Gesicht, das Poeten den Musen oder der weisen Minerva andichten."

Descartes wird auch Ratgeber der jungen Frau, die unter Depressionen und Krankheiten leidet. Beide wissen, daß ihre schlechte Gesundheit seelische Ursachen hat. Einmal reagiert Elisabeth auf Descartes' Ausführungen über die edle, unsterbliche Seele mit der

Frage, warum wir nicht den Tod aufsuchen und uns allem Leiden und Übel des Körpers entziehen sollten, wenn doch die Seele so viel größer als der Leib sei?

Und nicht immer trifft der Philosoph mit seinen vernünftigen Ratschlägen den richtigen Ton. Als Elisabeths Onkel, Karl I. von England, am 30. Januar 1649 auf Betreiben von Oliver Cromwell enthauptet wird, ist Elisabeth ebenso gebrochen vor Schmerz wie verzweifelt über die Zukunft ihrer Familie. Descartes' Versuch, sie wieder aufzurichten, schlägt allerdings fehl, verschlimmert eher noch ihren Zustand. Er schreibt ihr wenig diplomatisch:

„Obwohl solch ein gewaltsamer Tod furchterregender als der erscheinen mag, der zu einem Mann im Bett kommt, ist er in Wirklichkeit, wenn man ihn sorgfältig untersucht, weit ruhmreicher, weit süßer. (...) Es ist sicher, daß man die Großzügigkeit und die übrigen Tugenden des verstorbenen Königs ohne seine letzte Prüfung niemals in dem Maße bemerkt und geschätzt hätte, wie es jetzt und in Zukunft alle tun, die seine Geschichte lesen. (...) Von seinem physischen Leiden sehe ich vollständig ab, weil es so kurz ist, daß Mörder, die zu einem Fieber oder einem anderen Übel greifen könnten, die die Natur verwendet, um Menschen von dieser Welt zu entfernen, zu Recht als grausamer angesehen würden, als wenn sie mit dem schnellen Hieb einer Axt töten."

Im Laufe der Zeit wird Elisabeth immer ungeduldiger mit Descartes, der ihr mit philosophischen Betrachtungen Halt im Leben geben will. Als er mit seiner optimistischen Grundhaltung bei ihr zunehmend auf Widerstand stößt, versucht er es mit den Stoikern: Ihre Gelassenheit und Emanzipation von den Affekten seien wichtig für die Bewältigung des Lebens. Er legt ihr Senecas Schrift *Vom glücklichen Leben* ans Herz.

Elisabeth inspiriert ihn zu seinem letzten Werk *Die Leidenschaften der Seele*. Das Buch soll ein Leitfaden zur Selbstheilung für Menschen mit emotionalen Problemen sein, ein psychologischer Ratgeber. Er will zeigen, wie man seine Leidenschaften beherrscht und haushälterisch mit ihnen umgeht, so „daß die Übel, die sie verursachen, erträglich sind und man aus ihnen alle Freuden gewinnen kann". Der Physikus ist überzeugt, daß man Leidenschaften mit dem freien Willen und Gedanken unmittelbar beeinflussen kann. Zwar könne der Wille Emotionen weder direkt hervorbringen noch beseitigen; aber Emotionen ließen sich zurückdrängen durch die Vorstellung von Dingen, die mit solchen Emotionen verbunden sind, die wir haben wollen und denen entgegengesetzt sind, die wir nicht haben wollen. Geschrieben hat Descartes den Ratgeber für alle leidenschaftlichen Menschen, die sowohl fähig sind, „am meisten die Süße des Lebens zu genießen" als auch „am meisten seine Bitterkeit erfahren". Gedacht hat er dabei vor allem an einen. Am 15. August 1646 sehen sie sich zum letzten Mal, bevor Elisabeth nach Berlin abreist. Doch sie hören nicht auf, sich Briefe zu schreiben.

In der Nähe von Tours, in dem Dorf La Haye (heute: Descartes), wurde René Descartes als drittes Kind am 31. März 1596 geboren. Seine Mutter, die aus einer Beamtenfamilie stammte, starb 14 Monate später, und René kam zu seiner Großmutter. Der Vater Joachim Descartes interessierte sich als Jurist und Berater des bretonischen Parlaments in Rennes mehr für die Politik als für seine Kinder. Als viele Jahr später die Abhandlung *Von der Methode* erschien, soll er über René bemerkt haben, er mache sich lächerlich damit, sich in Kalbsleder zu binden. Die Familie entstammte dem niedrigsten Adel – gelegentlich tauchte noch die Schreibung „Des Cartes" auf – und besaß das Privileg der Steuerfreiheit.

Sicher war es auch ein Vorzug, daß der Junge am Jesuitenkolleg von La Flèche nicht im großen Schlafsaal schlafen mußte, sondern eine eigene Kammer hatte. In den Jahren von 1606 bis 1614 paukte er hier Latein und die Klassiker, die Schriften des Aristoteles, die autorisierten Kommentare und Philosophie. In einer Epoche des Umbruchs, die bald in die französische Frühaufklärung übergehen sollte, erhielt er noch die traditionelle, mittelalterliche, scholastisch-humanistische Ausbildung, die im Rezitieren der alten Texte bestand und in ihrer Interpretation nach den anerkannten Kirchenlehrern.

Von 1614 bis 1616 studierte Descartes die Rechte an der Universität von Poitiers und erwarb einen Abschluß. Dann begann ein unsteter, doch fruchtbarer Lebensabschnitt. Mit dem Gefühl, er müsse „im Buch der Welt studieren", reiste er in verschiedene Länder. In Holland, wo er sich für eine militärische Ausbildung aufhielt, lernte er den Physiker Isaac Beeckman kennen. Von dessen Begeisterung für Mathematik, Königin der Naturwissenschaften, ließ sich Descartes anstecken. Auf seinen Reisen durch Europa studierte er die Lebensweise anderer Menschen und fand, „daß manches, obgleich es uns ganz überspannt und lächerlich erscheint, doch immerhin bei anderen großen Völkern allgemein verbreitet ist und gebilligt wird (...)". Daraus habe er gelernt, nichts allzu fest zu glauben. Im Rückblick auf seine Jugendzeit schrieb Descartes:

> „Denn ich fand mich verstrickt in soviel Zweifel und Irrtümer, daß es mir schien, als hätte ich aus dem Bemühen, mich zu unterrichten, keinen anderen Nutzen gezogen, als mehr und mehr meine Unwissenheit zu entdecken. (...) So nahm ich mir denn die Freiheit, von meinem Fall auf alle anderen zu schließen und anzunehmen, daß es eine Lehre von der Art, wie man sie mich früher hatte hoffen lassen, auf der Welt nicht gebe. (...) Daher gab ich die wissenschaftlichen Studien ganz auf, sobald es das Alter mir erlaubte, mich der Abhängigkeit von meinen Lehrern zu entziehen, und entschlossen, kein anderes Wissen zu suchen, als was ich in mir selbst oder im großen Buche der Welt würde finden können, verbrachte ich den Rest meiner Jugend damit, zu reisen, Höfe und Heere kennenzulernen, mit Menschen verschiedenen Temperaments und Standes zu verkehren, manche Erfahrung zu sammeln, mich selbst auf die Probe zu stellen in Treffen, in die das Geschick mich stellte, und über alles, was mir begegnete, Überlegungen anzustellen, aus denen ich einigen Nutzen ziehen konnte. (...) Nachdem ich aber einige Jahre darauf verwandt hatte, so im Buche der Welt zu studieren und mich um neue Erfahrungen zu bemühen, entschloß ich mich eines Tages, auch in mir selbst zu studieren und alle Geisteskräfte aufzubieten, um den Weg zu wählen, dem ich folgen wollte; was mir weit besser gelang, so schien es mir, als wenn ich mich niemals von meinem Vaterlande und meinen Büchern entfernt hätte. (...) deshalb konnte ich mir niemanden wählen, dessen Überzeugungen mir einen Vorzug vor anderen zu verdienen schienen, und fand mich gleichsam gezwungen, es selbst zu übernehmen, mich zu leiten."

Im Jahr 1619 entschloß er sich, in der Armee von Maximilian von Bayern zu dienen. Als ihn auf dem Weg dorthin der Winter überraschte, verkroch er sich in Ulm einen ganzen Tag in einer überheizten Ofenstube und dachte angestrengt nach. An jenem Martinsabend 1619 spürte er plötzlich durch alle Zweifel hindurch festen Boden unter den Füßen. In der folgenden Nacht hatte der 23jährige seine berühmt gewordenen drei Träume, die nach seinen Worten sein Leben änderten. Die beiden ersten Träume faßte er als Warnungen vor seinem bisherigen Lebenswandel auf, der ihn von seiner wahren Lebensaufgabe abhalte. In einem Wörterbuch aus dem dritten Traum sah er ein Symbol für die Gesamtheit der Wissenschaften, und in einem Gedichtband sah er die Philosophie. Der Descartes-Forscher Stephen Gaukroger vermutet, die Ereignisse um den 10. November 1619 hätten zu einem Nervenzusammenbruch geführt. Descartes Gedanken über eine Methode der Philosophie in jener Nacht seien dann zu Symbolen seiner Genesung geworden.

Descartes gab den Plan einer militärischen Laufbahn auf, entschlossen, sich ganz der Suche nach Gewißheit zu widmen. In den nächsten Jahren beschäftigte er sich intensiv mit Mathematik und machte hier eine Vielzahl von Entdeckungen. So führte er z. B. das bekannte kartesische Koordinatensystem mit x- und y-Achse ein. 1622 kehrte er nach Paris zurück, verkaufte sein Erbe und lebte fortan als Privatgelehrter von den Erlösen. Um 1626 fand er das Brechungsgesetz in der Optik. Ende 1628 nahm er in den Niederlanden seinen Wohnsitz, wo er die nächsten 20 Jahre an wechselnden Orten lebte. Sein Biograph Baillet meinte, Descartes Wohnsitz sei nicht beständiger gewesen als derjenige des Volkes Israel, das durch die Wüste zog.

Von 1625 bis 1628 lebte Descartes überwiegend in Paris. Zunächst logierte er bei einem Freund seines Vaters. Als die vielen Bekannten der Familie ihn zu sehr von der Arbeit abhielten, verschwand er eines Tages, ohne sich zu verabschieden. Es ist überliefert, wie der Mann Descartes eines Tages in einer geheim gehaltenen Wohnung aufspürte und durchs Schlüsselloch in sein Zimmer sah. Es war elf Uhr am Vormittag, und Descartes lag, ganz wie es seine Gewohnheit war, grübelnd im Bett, das Fenster stand offen und der Vorhang war hochgezogen. Von Zeit zu Zeit richtete er sich auf und notierte etwas, ehe er sich wieder zurücklehnte. Eine halbe Stunde beobachtete der Mann Descartes philosophierend im Bett, bevor er klopfte und eintrat.

Etwa um 1628, als Descartes in die Niederlande zog, brach er seine Arbeiten an den *Regeln zur Leitung des Geistes* ab, „gezwungen, ein neues Projekt zu entwerfen, ein viel größeres als das erste". Er begann einen Versuch über die Welt unter dem Arbeitstitel *Le Monde* auf der Grundlage der mechanischen Physik mit Abhandlungen über die Struktur der Materie, über Grundlagen der Mechanik, Kosmologie, Optik und über die belebte Welt. Als er in Amsterdam wohnte, besorgte er sich in der Kalverstraat bei Schlachtern Tierkadaver von Rindern und Schafen für anatomische Untersuchungen. 1632 beendete er seine Abhandlung über den Menschen, in der er eine mechanistische Physiologie begründete und den menschlichen Organismus mit einem Automaten verglich. Als Descartes im Jahr 1633 von Galileis Verurteilung durch die Inquisition erfuhr, wagte er nicht mehr, *Le Monde* zu veröffentlichen. Doch Teile davon gingen in andere Werke ein, und die Abhandlung *Über den Menschen* erschien posthum.

In Amsterdam hatte er ein Liebesverhältnis mit seiner Hausangestellten Hélène, die 1635 eine Tochter zur Welt brachte. Vorübergehend wohnten Mutter und Tochter Francine bei ihm in Santpoort, es war eine glückliche Zeit. Der frühe Tod der Tochter 1640 soll äußerst schmerzvoll für ihn gewesen sein.

In den 1640er Jahren wurde Descartes in eine Reihe öffentlicher Dispute über seine Lehre verwickelt, was er stets hatte vermeiden wollen. Als der Rat von Utrecht ihn 1643 verurteilte und er sich von Vertreibung und öffentlicher Bücherverbrennung bedroht sah, floh er nach Den Haag. Vier Jahre später verurteilten ihn Theologen der Universität Leiden.

Am 31. August 1649 nahm Descartes auf Einladung von Königin Christina ein Schiff nach Schweden, um sie in seiner Philosophie zu unterrichten und am Hof zu wirken. In einem der härtesten Winter mußte der notorische Langschläfer und Bettarbeiter um halb fünf in der Frühe dreimal wöchentlich mit der Kutsche zum Palast fahren. Die radikale Umstellung seines Lebensrhythmus ist ihm schlecht bekommen. Am 11. Februar 1650 starb Descartes an einer Lungenentzündung.

Viele Menschen des 16. Jahrhunderts verloren in der Frage des Glaubens zunehmend die Gewißheit. Die Autorität der Kirche war ebenso ins Wanken geraten wie die weltliche Ordnung. Am Ende zerfiel die politische, religiöse und geistige Einheit Europas. Die Wissensexplosion in der Renaissance hatte einen beängstigend weiten Horizont eröffnet und die Menschen aus ihrer gottgefügten Schicksalhaftigkeit aufgestört. Zweifel und Skepsis nahmen zu, und viele fanden sich nicht mehr heimisch in einer Welt, in der nichts mehr sicher, alles aber möglich war.

Descartes war der Wegbereiter der modernen, auf Physik gründenden Naturwissenschaften. Er kehrte in revolutionärer Weise die traditionellen Muster um, nach denen in Schulen und Universitäten gelehrt wurde. Er arbeitete sich nicht durch die Welt der sichtbaren Dinge und physischen Erscheinungen zu den dahinter liegenden Prinzipien (Metaphysik) durch, ging vielmehr von einer metaphysischen Grundlage aus, um mit ihr die Physik zu begründen. Alle Philosophie, sagte er, ist wie ein Baum. Die Wurzel ist die Metaphysik, der Stamm Physik, und die drei Hauptäste sind Medizin, Mechanik und Ethik. Wenn er feststellte „Ich denke, also bin ich", dann leitete er nicht seine Existenz aus dem Denken logisch ab, vielmehr erfuhr er im Denken – im Verstehen, Urteilen, Wollen, kurz in jeder geistigen Tätigkeit – unmittelbar sein Ich. Das Ich-Bewußtsein war das Fundament, auf dem Descartes seine Philosophie aufbaute. Das Denken, die Tätigkeit der göttlichen Seele, stand im Mittelpunkt seiner Metaphysik. Gott hatte den Menschen mit Verstand ausgestattet, der prinzipiell – bei allen Täuschungs- und Irrtumsmöglichkeiten – in der Lage war, zur Wahrheit vorzudringen. Mit seiner Methode des Vernunftgebrauchs und mit Mathematik und Physik ließ sich seiner Überzeugung nach sicheres Wissen über die Welt erlangen.

Die mechanische Physik, wie Galilei sie lehrte, galt einigen Wissenschaftlern, so auch Descartes, als Grundlage eines neuen Weltbildes. „Gebt mir Materie und Bewegung", rief Descartes, „und ich werde das Universum bauen." Alle Naturvorgänge führte er auf Bewegungen von Teilchen zurück. Sie ließen sich nach Größe, Form, Gewicht und Bewegung beschreiben und berechnen. Auch Wärme und Licht faßte er mechanisch auf. Descartes war überzeugt, auch alle Körperfunktionen und sogar Sinneswahrnehmungen und Emotionen kämen mechanisch zustande. Seine mechanistischen Deutungen biologischer Phänomene waren zwar geniale Spekulationen, aber er hat recht behalten mit seiner Grundannahme, daß sich Lebensprozesse physikalisch und chemisch aufklären lassen.

Was die Lebenserscheinungen betraf, so galt zu seiner Zeit die Doktrin, alles Leben hänge von einer Seele ab. Der Physiologe Jean Fernel zum Beispiel lehrte:

> „Die Leistungen des Körpers gehen nicht von sich selbst noch vom Körper aus (...). Die Ursache für die Verrichtungen des Körpers ist die Seele."

Die Körperwärme war das unmittelbare Produkt der belebenden Seele, die ihren Hauptsitz im Herzen hatte. Von ihr hing das Leben des Körpers ab. Die Seele rief kraft ihrer *Vermögen* alle Körperfunktionen hervor: Ernährung und Wachstum, Wärme, Herztätigkeit und Atmung sowie Sinneswahrnehmungen und Bewegungen. Die *Empfindungsseele* hatte nach Fernel ihren Sitz im Gehirn. Das Instrument der Seele war ein hauchfeiner Strom aus Teilchen, der durch die Nerven floß. Das bewegende Vermögen der Seele z. B. veranlaßte diese *Spiritus animales* genannten Teilchen, durch die Nerven zu den Muskeln zu strömen und diese aufzublähen, d. h. zu spannen.

Die Lehre stand ganz im Einklang mit Aristoteles (384-322 v. Chr.), der die Seele für das Grundprinzip allen Lebens erklärt hatte. Der systematische Denker und Logiker – maßgebende Autorität der Wissenschaften bis ins 17. Jahrhundert – hielt „Zeugen und die Nahrung gebrauchen", also Fortpflanzung und Stoffwechsel, für Grundleistungen der Seele in allen Lebewesen, d. h. in Pflanzen, Tieren und Menschen. Darüber hinaus besaß die Seele der Tiere und des Menschen das Vermögen für Bewegung und Wahrnehmung. Und einzig die Seele des Menschen verlieh ihm die Fähigkeit zu denken. Aristoteles war bereits der Ansicht, alle seelischen Vorgänge, sogar das Denken, seien notwendigerweise mit dem Körper verbunden:

> „In den meisten Fällen scheint die Seele nichts ohne den Körper zu erleiden und zu tun, wie etwa Zorn, Mut, Begehren, Wahrnehmen überhaupt. Am meisten scheint ihr das Denken eigentümlich zu sein. Wenn aber auch dies eine Sinnesvorstellung ist oder doch nicht ohne eine solche sich vollzieht, dann könnte selbst das Denken nicht ohne den Körper sein."

Leib und Seele bildeten eine substantielle Einheit. Aristoteles meinte denn auch, „daß die Zustände der Seele materiegebundene Begriffe sind". Die Seele als notwendige Eigenschaft aller Lebewesen war und wirkte überall in ihnen, in Blättern und Knospen, im Leib, im Gehirn.

Descartes brach mit der aristotelisch-scholastischen Lehrmeinung und erfand den Menschen neu. Er setzte die folgenschwere Trennung von Leib und Seele in die Welt. Das, was wir als Leben bezeichnen, nämlich „natürliche Wärme und alle Bewegungen unserer

Körper", hing seiner Überzeugung nach nicht von der Seele ab. Die Seele hauche den Lebewesen nicht ihr Leben ein. Wenn jemand sterbe, trenne sich seine Seele wohl vom Körper, aber der Körper sterbe nicht, weil die Seele ihn verlasse, sondern weil seine Wärme schwinde und seine Organe zugrunde gingen. Im Augenblick des Todes hört „das Prinzip der Bewegung zu wirken auf" wie eine Uhr oder ein Automat, der abgelaufen ist, oder „eine andere Maschine, wenn sie zerbrochen ist".

Descartes imaginierte das Modell eines Automaten für den menschlichen Leib, um die Körperfunktionen als selbsttätige zu zeigen:

> „Ich stelle mir einmal vor, daß der Körper nichts anderes sei als eine Statue oder Maschine aus Erde, die Gott gänzlich in der Absicht formt, sie uns so ähnlich wie möglich zu machen, und zwar derart, daß er ihr nicht nur äußerlich die Farbe und die Gestalt aller unserer Glieder gibt, sondern auch in ihr Inneres alle jene Teile legt, die notwendig sind, um sie laufen, essen, atmen, kurz all unsere Funktionen nachahmen zu lassen, von denen man sich vorstellen könnte, daß sie aus der Materie ihren Ursprung nehmen und lediglich von der Disposition der Organe abhängen."

Was im 20. Jahrhundert als Reflexbogen aufgeklärt wurde, z.B. das Zurückzucken eines Fußes, der zu nah an ein Feuer gerät, erklärte Descartes so: Bei einer geringen Distanz

> „haben die kleinen, bekanntlich schnell bewegten Teilchen dieses Feuers aus sich heraus die Kraft, die betroffene Stelle der Haut dieses Fußes in Bewegung zu versetzen. Indem sie dadurch an der kleinen (Mark-)Faser c c ziehen, die – wie man sieht – dort befestigt ist, öffnen sie im gleichen Augenblick den Eingang der Pore d e, an der diese kleine Faser endet, ebenso wie man in dem Augenblick, in dem man an dem Ende eines Seilzuges zieht, die Glocke zum Klingen bringt, die an dem anderen Ende hängt."

Das war revolutionär. Sämtliche Körpervorgänge, äußere Bewegungen ebenso wie innere Verrichtungen, gingen auf den Teilchenstrom und Wärme zurück. Hier war kein Platz mehr für eine Seele oder ein Seelenvermögen. Für Descartes war der Leib eine Wärmekraftmaschine: Aus der Nahrung erzeugte die Leber Blut, das vom Feuer im Herzen ernährt und gewärmt wurde. Die eingeborene Wärme, die

die Leibmaschine im Herzen besaß, war „die große Triebkraft und das Prinzip aller in ihr stattfindenden Bewegungen". Sie hielt die Mechanik der Leibmaschine am Laufen, ihr „Räderwerk" aus Muskeln, Nerven, Sinnesorganen und dem Gehirn.

> „Und tatsächlich kann man die Nerven der Maschine, die ich beschreibe, sehr gut mit den Röhren der Maschinen bei diesen Fontänen vergleichen, ihre Muskeln und Sehnen mit den verschiedenen Vorrichtungen und Triebwerken, die dazu dienen, sie in Bewegung zu setzen, ihre Spiritus animales mit dem Wasser, das sie bewegt, wobei das Herz ihre Quelle ist und die Kammern des Gehirns ihre Verteilung bewirken. Weiterhin gleichen die Atmung und andere solche Tätigkeiten, die bei ihr (der Maschine) natürlich und gewöhnlich sind und die vom Laufe der Spiritus abhängen, den Bewegungen einer Uhr oder einer Mühle, die durch den regelmäßigen Wasserfluss unterhalten werden."

An anderer Stelle beschreibt er, was geschieht, wenn die Augen zum Beispiel ein Tier sehen. Zunächst werden zwei Bilder an die Innenwand des Gehirns geworfen. Von da aus

> „strahlen diese Bilder durch Vermittlung des Teilchenstroms, von denen diese Kammern erfüllt sind, derart gegen die kleine Drüse, welche vom Teilchenstrom umgeben ist, daß die Bewegung, die jeden Punkt von einem dieser Bilder darstellt, auf denselben Punkt der Drüse zielt, den die Bewegung, die den Punkt des anderen Bildes wiedergibt, anzielt, und so denselben Teil des Tieres darstellt. Dadurch bilden sich die beiden Bilder im Hirn nur ein einziges auf der Drüse ab, das unmittelbar auf die Seele einwirkt und sie die Gestalt des Tieres sehen läßt."

Das Gehirn war für Descartes nichts weiter als ein Automat zur Verteilung der *Spiritus*-Teilchen, die sich in den Gehirnkammern sammelten. Das Gehirn sollte so ähnlich wie eine Orgel funktionieren:

> „Und da die Harmonie der Orgeln in keiner Weise von der Anordnung ihrer Pfeifen abhängt, die man von außen sieht, noch von der Gestalt ihrer Windladen oder anderer Teile, sondern nur von drei Dingen, nämlich der Luft, die aus den Blasebälgen kommt, den Pfeifen, die den Ton erzeugen und von der Vertei-

23

lung dieser Luft auf die Pfeifen, so möchte ich hier deutlich machen, daß die Funktionen, von denen hier die Rede ist, in keiner Weise von der äußeren Gestalt all dieser sichtbaren Teile abhängen, die die Anatomen in der Substanz des Gehirns feststellen, noch von der seiner Kammern, sondern lediglich von den Spiritus, die vom Herzen kommen, von den Poren des Gehirns, durch die sie gehen, und von der Art und Weise, in der diese Spiritus sich auf diese Poren verteilen."

Ein genialer Entwurf. In seiner Abhandlung *Über den Menschen* aus dem Jahr 1632, die erst nach seinem Tod erschien, beschrieb Descartes eine hypothetische Maschine, die den Menschen prinzipiell nachahmte. Seine Botschaft lautete: Unser Körper, der sich aus Teilchen und Wärme zusammensetzt, hat eine Seele gar nicht nötig. Er funktioniert durch und durch nach den Regeln der Mechanik. Der Körper ist eine Maschine – wenngleich nicht aus Menschenhand und wenngleich viel raffinierter gebaut als unsere Maschinen. Descartes beschrieb, wie Ernährung, Verdauung, Aufsaugung (Resorption), Wärme und Tätigkeit des Herzens, Bildung des Teilchenstroms, Muskelbewegung, Tasten, Schmecken, Riechen, Hören und Sehen mechanisch vor sich gingen ebenso wie Hunger und Durst, Gemütszustände, Schlafen und Wachen. So müsse man z. B. niesen, wenn *Spiritus*-Teilchen durch einen Überdruck vom Gehirn durch den Riechnerv flössen und die innere Nase kitzelten. Descartes unterstellte, daß bei allen Prozessen Teilchen übertragen wurden und sich berührten, d. h., es herrschte stets und überall ein lückenloses Bewegungskontinuum. Fernwirkung, die durch metaphysische Wirkungen der Seelenvermögen zustande kam, gab es bei ihm nicht mehr.

Wie aber stand es um Tätigkeiten, die als geistige angesehen wurden, wie z. B. Gedächtnisleistungen? In Descartes Welt funktionierte das Gedächtnis mechanisch. Wenn das Bild im Gehirn entstand, gelangten *Spiritus*-Teilchen durch bestimmte Nervenöffnungen in Gehirnzwischenräume. Sie hatten die Kraft, diese Zwischenräume ein bißchen zu erweitern oder zu biegen. Auf diese Weise zeichneten sie ein Bild in eine Stelle des Gehirns ein, das sich eine lange Zeit halten konnte. Zur Veranschaulichung des Gedächtnismechanismus ließ Descartes ein Bild zeichnen: Eine Hand hielt einen großen Stempel mit zahlreichen Stacheln. Unter dem Stempel lag ein Tuch, in das der Stempel ein charakteristisches Lochmuster eingedrückt hatte. Die

24

feinen Löcher entsprachen den Poren im Gehirn. Wiederhole man das Aufstempeln, würden einige Löcher erweitert und blieben dauerhaft geöffnet. Dieses Verfestigen eines Musters bilde die Grundlage ebenso für das Abrichten eines Jagdhundes wie für das Erlernen eines Musikinstrumentes, so Descartes, der hier eine Metapher für neurologische Lernprozesse vorwegnahm.

Ließen sich Gefühle mechanisch erklären? Je nach Mischung der *Spiritus*-Teilchen, die dicht bis verdünnt, grob bis fein, wenig bis stark bewegt und ungleich bis gleich sein konnten, würden „alle die verschiedenen Stimmungen oder natürlichen Neigungen, die es in uns gibt (…) in dieser Maschine bewerkstelligt". Starke und grobe Teilchen riefen Bewegungen des Körpers hervor, „die denen ähnlich sind, die bei uns von Selbstvertrauen und Mut zeugen". Ein dünner Spiritus dagegen, der aus wenigen kleinen, bewegungsarmen, ungleichen Teilchen bestand, erzeuge solche Bewegungen des Körpers, „die an uns Boshaftigkeit, Ängstlichkeit, Unbeständigkeit, Zaudern und Unruhe anzeigen".

Nach Descartes war damit die herkömmliche Seele weitgehend durch die Organisation von Teilchen und physikalische Gesetze ersetzt. Descartes habe die mechanistische Biologie und Medizin nicht aus Vermessenheit erfunden, meint der Biograph Rainer Specht, vielmehr aus der Hoffnung, man könne den komplizierten und zerbrechlichen Organismus so fassen, wie ein Uhrmacher das komplizierte und zerbrechliche Uhrwerk. Die neue seelenlose Leibauffassung revolutionierte die Biologie, Medizin und Psychologie und das Selbstverständnis des Menschen, dessen Seele plötzlich etwa die Hälfte ihrer Funktionen verlor. Was aber blieb von der Seele noch übrig, wenn er Körperfunktionen, Erinnerungen, Sinneswahrnehmungen und Emotionen physikalisch erklärte? Er schreibt:

„Und wenn schließlich eine vernunftbegabte Seele in dieser Maschine sein wird, wird sie ihren Hauptsitz im Gehirn haben und dort wie der Quellmeister sein, der den Verteiler, an dem alle Röhren dieser Maschine zusammenkommen, bedienen muß, wenn er in irgendeiner Weise ihre Bewegungen beschleunigen, verhindern oder ändern will."

Der Seele blieben höchste Steuerungsfunktionen vorbehalten, vor allem der Wille. Sie war das, was denkt, und „alles in uns selbst Vorgehende". Sie bewohnte als unsterblicher Geist während des Lebens

25

den Leib. Mit diesem Konzept von Materie und Geist machte Descartes Körperprozesse ebenso wie Naturvorgänge der Physik zugänglich und reservierte den menschlichen Geist der Metaphysik, erhielt ihn als die unsterbliche Seele der kirchlichen Glaubenslehre.

Die Seele war das Ich, das denkt, d. h. das will, das bewußt wahrnimmt, sich erinnert, sich vorstellt und versteht. Die geistigen Funktionen der Seele teilte Descartes in Anlehnung an Aristoteles nach Tun und Leiden ein. Aktive Tätigkeiten der Seele waren alle unsere Willensakte, die „unmittelbar aus der Seele kommen und als allein von ihr abhängig erscheinen". Willensakte richteten sich entweder auf die Seele selbst – dann handelte es sich um Denken – oder auf den Körper, wenn sie willkürliche Körperbewegungen auslösten. „Der Wille ist seiner Natur nach derart frei, daß er niemals gezwungen werden kann", meinte der Freiheitsidealist.

Im Gegensatz zu den Willensakten rief die Seele Wahrnehmungen und Leidenschaften nicht selbst hervor, sondern erlitt oder erlebte sie. Passive Tätigkeiten der Seele waren ihre Empfindungen, die zwar körperlich hervorgerufen, doch von der Seele vorgestellt wurden. Er teilte sie in drei Gruppen. Einige Empfindungen bezogen sich auf äußere Ursachen wie Gerüche, Töne oder Farben; sie wurden von äußeren Gegenständen über die Sinnesorgane hervorgerufen. Andere bezogen sich auf innere Ursachen wie Hunger, Durst oder Schmerz. Auch sie wurden durch körperliche Vorgänge ausgelöst. Schließlich gab es Leidenschaften der Seele (auch Emotionen oder Affekte genannt), an denen ebenfalls, wenngleich weniger direkt, körperliche Ursachen mitwirkten. In seiner Schrift *Die Leidenschaften der Seele* führte er sie einzelnen auf, die er allesamt auf die sechs Grundaffekte Staunen, Liebe, Haß, Begierde, Freude und Trauer zurückführte.

Stichwortartig läßt sich festhalten:

1. Der Leib ist eine Wärmekraftmaschine.
2. Das Leben hängt von der inneren Wärme ab, die mit dem Tod erlischt, jedoch nicht von der Seele.
3. Der Mensch besitzt eine unsterbliche Seele. Zu ihren Tätigkeiten gehören
   – aktive   – auf die Seele gerichtet (= Denken)
      Willensakte: – auf den Leib gerichtet (= Willkürbewegungen)

– passive   – äußere Sinneswahrnehmungen
Empfindungen: – innere Sinneswahrnehmungen
                – Leidenschaften der Seele (= Emotionen).

Da Descartes Tieren keine Seele zugestand, sprachen einige Zeitgenossen und Nachfolger von *bêtes-machines*, Tiermaschinen, in denen nur reflexartige Körperbewegungen entstanden. Dominik Perler weist darauf hin, daß nach Descartes Tiere auch Hunger, Schmerz, Furcht oder Freude empfinden können. Descartes habe vermutlich zwischen niederen, körperlichen Empfindungen und höheren, geistigen unterschieden, die nur der Mensch erleben könne.

Da es für Descartes offensichtlich war, daß die Seele über den Willen auf den Körper einwirken, ihn zum Beispiel willkürlich bewegen konnte, mußte es eine Schnittstelle zwischen Leib und Seele geben. Auch der Leib wirkte auf die Seele ein, z.B. über die Sinnesorgane, deren Wahrnehmungen ja die Seele bewußt vorstellte. Descartes hielt die nur erbsengroße Zirbeldrüse (Corpus pineale) an der Basis des Gehirns für den Ort, wo sich Geist und Materie begegneten. Hier entstand auch der Teilchenhauch aus dem Blut, wenn feinste Teilchen durch Poren der Arterienwände in die Zirbeldrüse übertraten. Und hier begannen oder endeten alle Nerven. Noch etwas sprach für die zentrale Drüse als Sitz der Seele: Die Sinneseindrücke der beiden Augen und Ohren mußten an einem Ort zusammenkommen. Für Descartes kam hierfür nur die Zirbeldrüse in Frage, waren doch die anderen Hirnstrukturen doppelt oder, wie die Hirnkammern, in Mehrzahl vorhanden. Seiner Ansicht nach war die Zirbeldrüse frei beweglich nur an Arterien aufgehängt. Man müsse sie sich „wie eine reichlich überströmende Quelle vorstellen, von wo aus die kleinsten Teilchen gleichzeitig nach allen Seiten in die Kammern des Gehirns ausströmen".

Das Gegenüber der Zirbeldrüse bildete das Gehirn. Anatomisch fand Descartes nichts Besonderes am Gehirn. Es weise „ein ziemlich dichtes und eng gefügtes Netz oder Geflecht auf, dessen sämtliche Maschen ebenso viele kleine Röhrchen sind, durch die die *Spiritus*-Teilchen eintreten können". Die Röhrchen waren im Inneren sämtlich auf die zentrale Zirbeldrüse ausgerichtet. Kraft der Seele konnte die bewegliche Drüse einen Teilchenstrom auf bestimmte Nerven verteilen.

[handwritten: Zirbeldrüse als Quelle von Teilchen / als Empfänger –]

„Alle Tätigkeit der Seele besteht aber darin, daß allein dadurch, daß sie irgend etwas will, sie bewirkt, daß die kleine Hirndrüse, mit der sie eng verbunden ist, sich in der Art bewegt, wie erforderlich ist, um die Wirkung hervorzurufen, die diesem Willen entspricht."

In umgekehrter Richtung traf ein Teilchenstrom aus bestimmten Nerven auf die Zirbeldrüse und rief so eine seelische Empfindung hervor. In der Seele, so seine Vorstellung, konnten so viele unterschiedliche Empfindungen ausgelöst werden wie es verschiedene Bewegungen der kleinen Drüse gab.

Wie aber konnte die Seele, die unausgedehnte Substanz, einen Teilchenstrom bewegen? Von welcher Art – wenn nicht physikalisch – war die Interaktion zwischen Leib und Seele? Descartes schuf mit der gedanklichen Trennung von Leib und Seele ein Problem, über das sich viele Menschen nach ihm den Kopf zerbrechen sollten. Die Behauptung, Materie und Geist existierten getrennt (Dualismus), machte alles eher schwieriger als einfacher. Descartes selbst bereitete das Problem keine Kopfschmerzen. Die Verbindung zwischen Leib und Seele sei letztlich ein übernatürliches Phänomen, glaubte er, das, von Gott installiert, sich dem menschlichen Verstand entziehe.

Woody Allen fragte 350 Jahre später: „Wenn es ein Leib-Seele-Problem gibt, welches davon hätten Sie lieber?"

[handwritten: Verbindung Leib-Seele ist ein von Gott installiertes, übernatürl. Phänomenen, vom Menschen erklärbar]

*„Ich öffnete auf allerhand Art eine Menge ganz
frischer Hirne (zu denen mir der Krieg mehr als
überflüssige Gelegenheit schaffte)."*

Samuel Thomas Soemmerring (1755-1830)

Im Herbst 1774 betritt ein 19jähriger Medizinstudent einen Anatomiesaal an der Universität Göttingen. Am Sektionstisch ist ein junger Arzt mit der Präparation eines toten Pavians beschäftigt. Ab und zu ist zu hören, wie er ein Messer ablegt, um nach einem anderen Instrument zu greifen. Der Student sieht zu, wie der Kopf des Affen zerlegt wird. Ob er denn schon etwas über das Gehirn wisse, fragt Dr. Friedrich Blumenbach. Doch, doch. Auf der Stelle, so, als habe er die Frage erwartet, spult der Student den Stand des Wissens ab. Er spricht von der beinernen Schädelkapsel, den drei Hirnhäuten und den drei Gehirnteilen, dem großen Hirn, dem kleinen Hirn und dem verlängerten Rückenmark. Das große Hirn bestehe aus zwei Halbkugeln, den Hemisphären. An der Oberfläche befänden sich „wie Därme gestaltete Windungen". Auch das kleine Hirn teile sich in eine rechte und eine linke Hälfte. Schneide man das große Hirn ein, dann werde unter der grauen Substanz die weiße Substanz, das Mark, sichtbar. Das Mark des großen und des kleinen Hirns hänge mit dem Rückenmark zusammen und sei die Fortsetzung des Gehirns. Es verlaufe als fingerstarker Strang im knöchernen Kanal der Wirbelsäule ... Erstaunt fragt Blumenbach, kurz aufschauend, woher er stamme und woher er das alles wisse? Aus Thorn in Ostpreußen, sagt er. Sein Vater sei dort praktischer Arzt und Stadtphysikus und habe ihn schon zu Sektionen mitgenommen.

Er bringe diesen Winter den ganzen Vormittag von 7 bis 12 Uhr auf der Anatomie zu, schreibt er im ersten Jahr an seinen Vater. Der Student Samuel Thomas Soemmerring gilt bald als talentierter Anatom und darf selbständig präparieren. Er wohnt mit Blumenbach in einem Haus. „Er discourire viel mit ihm, entlehne Bücher; sie injicirten zusammen Thiere, zeichneten mit einander und gingen Polypen

Samuel Thomas Soemmerring

suchen." Im Winter 1776/77 nimmt er sein großes Projekt auf, die Erforschung des Gehirns. Bald schon benutzt Professor Wrisberg die Präparate seines begabten Schülers, den er „Herr Neurologe" nennt, für seine Demonstrationen.

Im Jahr 1778 loben die Herren Professores Soemmerring für seine Doktorarbeit *Über die Basis des Gehirns und den Ursprung der Hirn-Nerven*. Eine Studienreise führt ihn nach Holland, England und Schottland. In London hört er Schauergeschichten über den kriminellen Sumpf, in dem die Sektion dort steckt. Die Anatomen müssen sich ihre Untersuchungsobjekte über dunkle Kanäle beschaffen. Es gibt einen gut organisierten Schwarzmarkt, Leichenfledderer, die frische Leichen exhumieren und sie an Leichenschlep-

30

per weitergeben, die bei Nacht und Nebel ihre Ware an den Mann bringen. Als einmal ein Leichenfledderer erschossen wurde, erfährt er, habe dessen Witwe das Geschäft weitergeführt, nicht ohne die Leiche ihres Mannes zu verhökern. Ein halbes Jahr lang lernt Soemmerring in Edinburgh bei dem Physiologen Alexander Monro und arbeitet dort am Mikroskop.

In Deutschland hat er es einfacher, um an tote Tiere und menschliche Leichen zu kommen. Als Professor für Anatomie in Kassel beschafft er sich manchmal aus der Küche des Landgrafen Friedrich II. Wildschwein- und Hirschköpfe. Und als der ceylonesische Elefant in der landgräflichen Tiermenagerie auf der Wilhelmshöhe eingeht, öffnet Soemmerring den Schädel des vier Tonnen schweren Tieres. Auch beim Elefanten zählt er sieben Schädelknochen wie bei anderen Säugetieren: ein Stirnbein, zwei Scheitelbeine, zwei Schläfenbeine, ein Hinterhauptsbein und ein Geruchsbein (heute: zwei Stirnbeine beim Neugeborenen, kein Geruchsbein). Die Knochen halten ohne Bänder auf wunderbare Weise zu einer Kapsel zusammen.

Im Jahr 1784 zieht Soemmerring nach Mainz. In 12 Jahren präpariert er 134 menschliche und 136 tierische Gehirne. Im Maulwurfsgehirn, findet er, sind die Sehnerven und der Sehhügel bis auf klägliche Reste verkümmert. Gehirne mit Fehlbildungen untersucht er, doch aus was besteht die Hirnsubstanz eigentlich? Enttäuschend banal fällt seine chemische Analyse aus. Sie ergibt außer viel Wasser ¼ Unze Laugensalzgeist, 1 ⅔ Unzen ranziges Öl und 40 Gran flüchtiges Salz. Wieweit ist das Gehirn für die Lebensfunktionen notwendig? Das Rückenmark hat keinen Anteil am Bewußtsein, findet er. Doch Knochensplitter, Blut- oder Eiteransammlung im Gehirn führen zu Bewußtseins- oder Denkstörungen. Und seltsam: Menschen mit amputierten Gliedmaßen spüren manchmal, auch lange Zeit nach der Vernarbung des Stumpfes, noch Schmerzen in ihren fehlenden Körperteilen. Dieser Phantomschmerz kann nur im Gehirn seinen Ursprung haben. Soemmerring stimmt den Psychologen zu, die das Gehirn für das Band zwischen Leib und Seele halten. Als 1795 französische Besatzungstruppen und deutsche Truppen Mainz „zu einer großen Kaserne" machen und die Vorlesungen ausfallen, studiert Soemmerring die Kriegstoten und denkt über die menschliche Seele nach. Wo ist der Sitz des *Sensorium commune*, des gemeinsamen Empfindungssinnes?

In seiner 80seitigen Schrift *Über das Organ der Seele* behauptet Soemmerring 1796, die Seele wirke unmittelbar durch die Flüssigkeit in den Gehirnkammern, das Gehirnwasser sei das Organ der Seele. Das Buch erregt bei Medizingelehrten, Physikern und Philosophen einiges Aufsehen. Immanuel Kant rät in einem ausführlichen Kommentar vom Gebrauch des Begriffes „Sitz der Seele" ausdrücklich ab. Auch der Amateur-Anatom Goethe, der Soemmerring schätzt, äußert sich sehr kritisch. Das Buch sei in Weimar eine Sensation, schreibt er und fragt, warum er nicht die Philosophen aus dem Spiel gelassen habe?

Samuel Thomas Soemmerring wurde am 18. Januar 1755 in Thorn in Ostpreußen (heute Toruń) als neuntes von elf Kindern geboren, von denen außer ihm nur noch ein Bruder das Kindesalter überlebte. Die Mutter entstammte der Familie eines evangelischen Predigers, der Vater war Arzt und Stadtphysikus. Ab 1774 studierte er Medizin an der Universität Göttingen und spezialisierte sich schon bald auf die Anatomie. Soemmerring soll neben seinen beiden Muttersprachen Deutsch und Polnisch Latein, Französisch, Englisch und Italienisch beherrscht haben.

„Im Winter 1777 fing Soemmerring bereits an", so der Biograph Rudolph Wagner, „sich mit dem schwierigen Organe zu beschäftigen, das ihn während seines ganzen Lebens vorzüglich anzog – mit dem Gehirne." Seine Doktorarbeit von 1778 *Über die Basis des Gehirns und den Ursprung der Hirn-Nerven* mit selbst gezeichneten Tafeln wurde hoch gelobt. Auf einer anschließenden Studienreise nach Holland, England und Schottland lernte er namhaften Anatomen kennen und schloß mit dem fast gleichaltrigen Georg Forster, der an einer Weltumseglung unter James Cook teilgenommen hatte, „ein Freundschaftsband, wie es selten mit solcher Innigkeit zwischen zwei Menschen zu Stande kommt." Im Jahr 1792, als Forster mit den französischen Besatzern in Mainz zusammenarbeitete, zerbrach die Freundschaft der beiden.

Am 4. Mai 1779 teilte Forster seinem „Freund und Bruder" mit, am Collegium Carolinum in Kassel sei die Stelle des Professors für Anatomie neu zu besetzen. Wenn Soemmerring interessiert sei, möge er dem Landgrafen schreiben, daß er sich „blos um der Ehre willen in seinen Diensten zu stehen" anbiete. Und weiter: „Sie können Ihro Durchlaucht das Maul mit Complimenten niemals zu voll schmieren, damit gewinnt man hier öfters." Soemmerring überlegte nicht lang und verfaßte seine Bewerbung:

> „Glücklich, beneidenswerth glücklich würde ich seyn, wenn ich es unterthänigst wagen dürfte, mich zu der in Ew Hochfürstlichen Durchlaucht Residenz, vacant gewordenen anatomischen Lehrstelle Höchstdenenselben anzubieten, und Ew Hochfürstlichen Durchlaucht eine geringe anatomische Schrift [seine Dissertation] ehrerbietigst zu überreichen."

Und weiter, den Rat seines Freundes befolgend:

> „Blos die Ehre und der Wunsch, einem der weisesten Souveraine Europas zu dienen, kan meinen dreisten Schritt entschuldigen. Ich ersterbe mit der reinsten Devotion als Ew Hochfürstlichen Durchlaucht unterthänigster Knecht."

Seine Bewerbung, deren Ton durchaus der üblichen Umgangsform mit Fürstenhäusern entsprach, hatte Erfolg, Soemmerring wurde Anatomieprofessor mit einem Jahresgehalt von 400 Reichstalern. Der junge Mediziner kam in ein frisch errichtetes Gebäude für die Anatomie und ließ nur noch eine Wasserleitung legen. Kassel verfügte um 1780 über das womöglich erste anatomische Institut in Deutschland. Es bestand aus einem großen Anatomiesaal mit Schaubühne und Zuschauerrängen nach dem Vorbild des italienischen „Anatomischen Theaters". Hinzu kamen Nebenräume für Präparationen, zur Aufbewahrung der Leichen oder für Sammlungen. Soemmerring arbeitete vor allem mit neuen Injektionstechniken zur Untersuchung der Blut- oder Lymphgefäße von Geweben. Er schrieb *Ueber die Vereinigung der Sehenerven* in *Hessische Beiträge zur Gelehrsamkeit und Kunst*.

Auf der Kasseler Wilhelmshöhe bestaunten Besucher den Indischen Elefanten des Landgrafen. Als das Tier 1780 starb, bot sich Soemmering die einmalige Chance, den Schädel des Tieres zu sezieren. Goethe, der am 27. März 1784 den Zwischenkieferknochen (Os intermaxillare) im Oberkiefer des Menschen entdeckte, war neugierig zu sehen, wie es sich mit dem Knochen bei verschiedenen Tieren verhielt, und bat Soemmerring, ihm den Schädel des Elefanten auszuleihen. Zu seiner großen Freude fand Goethe, wonach er suchte, und ließ in Weimar den Schädel zeichnen.

Soemmerrings Leben in Mainz als Professor für Anatomie und

Physiologie 1784 bis 1792 verlief turbulenter, war die Stadt doch zeitweilig von französischen Truppen besetzt und dauernd bedroht. Im Jahr 1788 kam auf nur acht Bögen seine Schrift *Vom Hirn und Rückenmark* heraus. Im Vorwort schrieb er, er befasse sich seit 12 Jahren mit dem Studium des Gehirns, habe viele menschliche und tierische Schädel in den berühmtesten Sammlungen Europas untersucht und eigenhändig 134 Menschenschädel und 136 Tierschädel seziert. 1791 erschien ein Band seines großen, nie vollendeten Lehrbuchs *Vom Baue des menschlichen Körpers*, das ihn weit bekannt machte.

1792 heiratete Soemmerring Margarethe Elisabeth Grunelius aus einer angesehenen Frankfurter Familie. Sein Göttinger Kollege, der Professor für Experimentalphysik Georg Christoph Lichtenberg schrieb ihm mit spitzer Feder:

> „Man sagte mir, Sie wären verliebt. Mich freut es immer, wenn ich von einem verliebten Anatomiker und Physiologen höre; da schneiden sie und zerlegen, betrachten die Teile und räsonieren, und am Ende müssen sie doch die unzerstückelte Maschine nehmen, um vergnügt zu sein."

Soemmerrings 1796 in Königsberg veröffentlichte Schrift *Über das Organ der Seele*, in der er die Ansicht vertrat, die Flüssigkeit in den Gehirnkammern (*Liquor cerebrospinalis*) sei das Organ der Seele, stieß in Gelehrtenkreisen auf Widerspruch. „Es ist merkwürdig", schrieb sein Biograph Rudolph Wagner, „wie sich die Gelehrten so verschieden dabei benommen haben, denen Soemmerring die Schrift zuschickte." Mehrere hätten sich gar nicht geäußert, andere hätten sich vorsichtig ausgedrückt oder ihr Urteil verschoben, um später nicht mehr darauf zurückzukommen. Kant und Goethe hielten die Behauptung für verfehlt, ebenso Rudolph Wagner.

Als 1802 seine Frau starb, flüchtete sich Soemmerring ganz in seine Arbeit. Mehrere Rufe erreichten ihn, darunter, auf Veranlassung Goethes, einer nach Jena, doch Soemmerring entschied sich für die Bayerische Akademie der Wissenschaften in München. Ein paar Stufen auf der Statusleiter – er wurde Mitglied der Akademie, Hofrat und geadelt – entschädigten nicht dafür, daß die Bedingungen für die anatomische Forschung mangelhaft waren. Der Bau der ihm fest zugesagten Anatomie wurde immer wieder hinausgeschoben und erst 1825 vollendet, als Soemmerring längst wieder in

Frankfurt lebte. In München entwickelte er 1809 einen elektrochemischen Telegraphen, der jedoch wegen des ungelösten Problems der Kabelisolierung nicht in die Produktion ging. 1820 zog Soemmerring wieder nach Frankfurt, wo ihn Karl Friedrich Burdach besuchte, der in seiner Autobiographie schrieb:

„Der kleine, rührige Greis mit dem silberweißen Haare, den sprechenden Augen und den fein gebildeten Fingern, lebte hier bei anmuthiger und geschmackvoller Umgebung in glücklicher Muße. Mit Zufriedenheit zurückblickend auf seine frühern Leistungen, war er immerfort thätig aus reiner Forschungslust, ohne vom Stachel der Ruhmsucht getrieben zu sein. Ich lernte seine ganze Liebenswürdigkeit kennen; bald zeigte er mir durch das Telescop die Flecken der Sonne und seine nach täglichen Beobachtungen entworfenen Zeichnungen derselben; bald erklärte er mir den von ihm erfundenen elektrischen Telegraphen und operirte mit demselben; bald setzte er mir seinen durch Verdunstung des Phlegma veredelten Wein vor; bald lehrte er mich anatomische Kunstgriffe, bald demonstrirte er mir merkwürdige Präparate aus seiner trefflichen Sammlung; bald wieder theilte er mir interessante pathologische Beobachtungen mit."

Soemmerring starb am 2. März 1830. Er hinterließ eine Sammlung aus 3 917 Präparaten.

Gleich in der Einleitung seiner Abhandlung *Über das Organ der Seele* behauptete Soemmerring, daß „das Sensorium commune in der Feuchtigkeit der Hirnhöhlen bestehen, oder in selbiger enthalten seyn müßte." Im ersten Teil beschrieb er Einzelheiten des Nervensystems, darunter die „Hirnenden" oder Ursprünge der Hirnnervenpaare. Er unterschied zwei Nervensysteme, nämlich das Gehirn- und Rückenmarksystem, das von den Sinnesorganen erregt wird und das sympathische (mitfühlende) Nervensystem oder Eingeweide-Nervensystem, das von den Organen beherrscht wird. Das sympathische Nervensystem stehe mit dem Gefühlsleben in enger Verbindung. Es hänge zwar auch mit Gehirn und Rückenmark zusammen, jedoch wohl nur mittelbar. Um Abbildungen von Gehirnschnitten anzufertigen, wendete Soemmerring eine neue Methode an. Er legt Schnittpräparate des Gehirns auf eine Glasplatte und zeichnete die Strukturen auf dem Glas nach.

Unbestritten ist, daß Soemmerring die 12 Paare der Hirnnerven, 30 Paare der Rückenmarksnerven und das Paar der sympathischen Nerven als Erster beschrieben und den Verlauf der Hirnnerven bis in die Nähe der Gehirnkammern zurückverfolgt hat. Erst im zweiten Teil der Schrift stellte er seine These über das Organ der Seele auf und begründete sie. Soemmerring vermutete eine Wechselwirkung zwischen den Hirnnerven und der Gehirnflüssigkeit: „Zwischen den Nervenenden und der Feuchtigkeit der Hirnhöhlen findet Wechselberührung statt."

Er kam zu dem Ergebnis, daß die Bewegungen in den Nerven in die Flüssigkeit der Gehirnhöhlen übertraten. Die Empfindungen entständen in der Kammerflüssigkeit und somit sei sie der Ort des *Sensorium commune* und das Organ der Seele. Der zweite Teil der Abhandlung bestand nicht aus Anatomie; vielmehr beschränkte er sich, so Olaf Breidbach, auf ein ausführliches Referat klassischer Positionen zur Lokalisierungsproblematik und zog dann von dort her – in einem rein deduktiven Vorgehen – seine Schlüsse. Da alle Autoren mit ihren Versuchen gescheitert waren, das *Sensorium commune* im Hirngewebe zu lokalisieren, glaubte Soemmerring ein starkes Argument für die Kammerflüssigkeit zu besitzen. Da er ganz bewußt an antike und mittelalterliche Vorstellungen über Gehirn und Seele anknüpfte, lohnt ein knapper Überblick.

Als Alkamaion von Kroton (570-500 v. Chr.) eine Verbindung vom Auge zum Gehirn entdeckte, nämlich den Sehnerv, verkündete er, hier im Gehirn müsse der Sitz des Denkens sein. Die griechischen Philosophen Demokrit (460-370 v. Chr.) und Plato (429-348 v. Chr.) hielten das Gehirn für das wichtigste Organ des Körpers. Die Seele war zusammengesetzt, sozusagen dreifaltig: Im Kopf befand sich der rationale Teil, der für den Verstand zuständig war. Im Herzen hatten die Empfindungen Zorn, Furcht, Stolz und Mut ihren Sitz, und im Bauch waren Lust und Begierde sowie andere niedere Leidenschaften angesiedelt. In der Schrift *Phaidon* fragt Sokrates:

> „Ist das Blut das Element, mit dem wir denken, oder die Luft oder das Feuer? Oder vielleicht nichts von der Art; vielmehr kann das Gehirn die ursprüngliche Kraft der Wahrnehmungen des Hörens, Sehens und Riechens sein, und das Erinnern und Urteilen mögen von ihnen kommen, und Wissen mag auf Erinnern und Urteilen gegründet werden, wenn sie Fixierung erlangt haben."

Im Gegensatz zu Demokrit glaubte Plato an ein Weiterleben der Seele nach dem Tod des Leibes. Sein Schüler Aristoteles (384-322 v. Chr.) stellte das Herz in den Mittelpunkt der Seele. Das Herz war so etwas wie „die Akropolis des Körpers". Das Herz steuerte die Körperfunktionen, mit ihm dachte, fühlte man und nahm wahr. Das Herz war der Träger der eingeborenen Wärme und somit der Seele. Das Gehirn dagegen kühlte lediglich das Blut, das sich sonst überhitzen würde. Wenn das menschliche Gehirn so viel größer als das von Tieren war, dann deshalb, weil der Mensch wärmer war. Die große Oberfläche des Gehirns mit seinen vielen Blutgefäßen sollte für eine wirkungsvolle Kühlung des heißen menschlichen Blutes sorgen.

Herophilus von Alexandria (335-280 v. Chr.), von dem überliefert ist, daß er Kriminelle, die ihm der König auslieferte, bei lebendigem Leib geöffnet und untersucht hat, unterschied die Hirnkammern (Ventrikel) und brachte sie mit der Seele zusammen. Der einflußreichste Arzt und Mediziner des Römischen Reichs, Galen von Pergamon (130-200), führte zahlreiche Sektionen an Rindern, Affen und anderen Tieren durch. Er glaubte nicht, daß das Gehirn nur der Kühlung des Blutes diente. Er numerierte die Hirnnerven und unterschied bereits motorische von sensorischen Nerven. Irrtümlich nahm er an, daß die motorischen Nerven zum Kleinhirn und die sensorischen zum Großhirn liefen. Galen beschrieb die Bildung des feinen *Spiritus*. Die Luft gelangte über die Lunge in die linke Herzkammer. Dort entstand aus dem Blut und der dem Herzen eingeborenen Wärme *Spiritus vitalis*, eine vitale, feinstoffliche Substanz. *Spiritus vitalis* gelangte über die Arterien in das Gehirn und wurde dort als feiner Hauch, jetzt genannt *Spiritus animalis*, in die Gehirnkammern abgeschieden und gespeichert. Dieser animierte Hauch, der zwischen Körper und Seele vermittelte, war bei Galen ein unvorstellbar bewegliches und feines Medium, das durch die unsichtbaren Kanälchen der Nerven floß. Auf Abruf floß er in die Muskeln, um sie zu spannen, oder in die Sinnesorgane, um Empfindungen aufzunehmen.

Der Sitz der rationalen Seele war nach Galen das Gehirn, die Leidenschaften hingegen kamen aus dem Bauch. Zu den Tätigkeiten der Seele zählte er Vorstellen, Denken und Erinnern. Uralt ist die Annahme eines gemeinschaftlichen Empfindungsorganes, eines *Sensorium commune*. Ähnlich wie ein Sinnesorgan ein Übergangsort zwischen Bewegungen der Außen- und der Innenwelt war, sollte das Sensorium commune der Übergangsort zwischen körperlichen und seelischen Bewegungen sein, heute würden wir sagen, die Schnittstelle. Man wußte z. B., daß von den Augen Leitungen ins innere Gehirn führten. Das Sensorium commune sollte nun die Eindrücke der Augen empfangen und aus ihnen Vorstellungen machen, d. h. innere Bilder. Später glaubte man, das Sensorium könne auch ohne Sinneseindrücke Vorstellungen produzieren, nämlich Einbildungen. Galen vermutete den Gemeinsinn in der Nähe der ersten Hirnkammer.

Die alten Kirchenväter im vierten und fünften Jahrhundert brachten die Seele mit den Gehirnkammern in Verbindung, indem sie Galens Ansichten mit christlicher Theologie vermischten. Für einen christlichen Theologen sei es sinnvoller gewesen, schreibt Stanley Finger, den ätherischen Geist – zuständig für die höchsten Funktionen des Menschen – in die Höhlen des Gehirns zu verlegen, anstatt ihn in der Gehirnmasse zu lassen. Nach der Drei-Kammer-Theorie bewohnte die Seele die damals bekannten drei Hirnkammern: Die sinnliche Einbildung saß in der ersten Kammer (*cellula phantastica*); der Verstand wohnte in der zweiten Kammer (*cellula rationalis*), und das Gedächtnis hatte in der dritten Gehirnkammer (*cellula memoria*) seinen Sitz. Die Drei-Kammer-Theorie folgte dem Bild der Verwertung der Nahrung: Das erste Seelenorgan in der vorderen Kammer empfing die Sinneseindrücke, das Denkvermögen in der zweiten Kammer wertete sie aus, und das Gedächtnis in der hinteren Kammer speicherte sie als Erinnerung.

Der Renaissance-Künstler und Forscher Leonardo sezierte, trotz des Verbotes durch den Papst, insgeheim 300 Tier- und Menschenleichen. Er goß die Gehirnkammern mit flüssigem Wachs aus und fand so ihre Strukturen. Erst der große flämische Anatom Andreas Vesalius, der 1543 sieben Texte und Tafeln hoher Qualität *Über den Bau des menschlichen Körpers* vorlegte, machte eine entscheidende Entdeckung. Die Gehirnkammern des Menschen unterschieden sich der Form nach nicht von denen anderer Säugetiere, die aber doch über kein Denk-, Vorstellungs- und Erinnerungsvermögen verfügen sollten! Er sei nicht in der Lage zu verstehen, schrieb er, wie das Gehirn seine Beschäftigungen – Einbilden, Meditieren, Denken und Erinnern – durchführe.

Der englische Mediziner Thomas Willis (1621–1675), ein Pionier der experimentellen Anatomie und Physiologie des Gehirns, kam ebenso wie Descartes ganz von der Theorie der Gehirnkammern ab und ortete mentale Funktionen im Gehirngewebe. Die Windungen des Großhirns sollten das Gedächtnis und den Willen beherbergen. Dem Balken, der allgemein als die weiße Substanz der beiden Hirnhälften aufgefaßt wurde, wies er das Einbildungsvermögen zu. Den Streifenhügel (Teil der basalen Stammganglien) brachte er mit dem Sensorium commune und mit Bewegungen in Zusammenhang. Schließlich steuerte seiner Ansicht nach das Kleinhirn unwillkürliche Bewegungen wie den Herzschlag und andere lebenswichtige Funktionen.

Im Jahr 1664, als Willis seine Abhandlung über die Anatomie des Gehirns publizierte, schrieb Marcello Malpighi aus Messina an seinen Freund in Bologna, die weiße Substanz im Gehirn bestehe aus einem Fasergeflecht, das dem Rückenmark entstamme und am anderen Ende in der Großhirnrinde auslaufe. Was der italienische Anatom als kleine Drüsen im Gehirn deutete, waren in Wirklichkeit Nervenzellen. Malpighi – seiner Zeit weit voraus – erkannte bereits die Faserstruktur des Hirngewebes, die selbst zu Soemmerrings Zeit, Anfang des 19. Jahrhunderts, unbeachtet blieb.

Im 17. Jahrhundert experimentierten Forscher mit grausamen Vivisektionen an Tieren über das Gehirn. Francesco Redi (1625-1697) berichtete, wie er das Gehirn einer Landschildkröte entfernte. Sie habe noch ein halbes Jahr gelebt und sei umhergetapst, denn „nach dem Verlust des Gehirns schloß sie sofort ihre Augen, und öffnete sie nie wieder". Der große Physiologe Albrecht von Haller in Göttingen unterschied erregbare, empfindliche und elastische Teile des Körpers je nach der Reaktion des Versuchstiers. Empfindlich waren Organe oder Gewebe, wenn die Versuchstiere bei deren Stimulation vor Schmerzen schrien. Später fand er, daß Empfindlichkeit eine Eigenschaft der Nerven war.

Soemmerring widmete seine umstrittene Schrift *Über das Organ der Seele* ausgerechnet „unserem Kant". Kants vernichtende Kritik seines philosophischen Versuches schien Soemmerring nicht verstanden zu haben, glaubte er doch, seine Arbeit mit dessen Kommentar „zu krönen". Zunächst wies der Königsberger Philosoph darauf hin, daß über die Frage nach dem Sitz der Seele die medizinische Fakultät mit der philosophischen „in Streit geraten könne". Da bereits der Begriff „Sitz der Seele" die Uneinigkeit der Mediziner und Philosophen hervorrufe, tue man besser daran, ihn „ganz aus dem Spiel zu lassen". Dies um so mehr, als der Begriff „Sitz der Seele" der Seele eine lokale Gegenwart zuweise, was widersprüchlich sei, anstatt einer virtuellen Gegenwart, die zum Verstand gehöre. Denn wenn die meisten Menschen das Gefühl hätten, im Kopf zu denken, so sei dies eigentlich ein Fehler, bei dem ein Urteil über die Ursache einer Empfindung im Gehirn für die Empfindung der Ursache im Gehirn gehalten werde. Die Suche nach dem Sitz der Seele bzw. nach dem Organ der Seele sei zum Scheitern verurteilt.

„Denn wenn ich den Ort meiner Seele, d. i. meines absoluten Selbst's, irgendwo im Raume anschaulich machen soll, so muß ich mich selbst durch eben denselben Sinn wahrnehmen, wodurch ich auch die mich zunächst umgebende Materie wahrnehme; so wie dieses geschieht, wenn ich meinen Ort in der Welt als Mensch bestimmen will, nämlich daß ich meinen Körper in Verhältniß auf andere Körper außer mir betrachten muß. – Nun kann die Seele sich nur durch den inneren Sinn, den Körper aber (es sey inwendig oder äußerlich) nur durch äußere Sinne wahrnehmen, mithin sich selbst schlechterdings keinen Ort bestimmen, weil sie sich zu diesem Behuf zum Gegenstand ihrer eigenen äußeren Anschauung machen und sich ausser sich selbst versetzen müßte; welches sich widerspricht. (...) da das Wasser, als Flüssigkeit, nicht füglich als organisirt gedacht werden kann, gleichwohl aber ohne Organisation, das ist ohne zweckmäßige und in ihrer Form beharrliche Anordnung der Theile, keine Materie sich zum unmittelbaren Seelenorgan schickt, hat jene schöne Entdeckung ihr Ziel noch nicht erreicht."

Goethe schrieb Soemmerring am 28. August 1796, die Schrift *Über das Organ der Seele* sorge in seinem Kreis für Sensation. Bei allen trefflichen Beobachtungen und der Zusammenstellung so mancher Erfahrungen und Kenntnisse habe Soemmerring sich durch den Titel und durch die Methode selbst geschadet. „Hätten Sie die Philosophen ganz aus dem Spiele gelassen, ihr Wesen und Treiben ignorirt und sich recht fest an die Darstellung der Natur gehalten, so hätte niemand nichts einwenden können." Er hätte geraten, das Werk „Von Hirnenden der Nerven" zu überschreiben und den ersten Teil so zu belassen. Und weiter:

„Mit einer kurzen Äußerung, daß Sie nun glaubten als Physiolog Ihrer Pflicht genug gethan zu haben, daß Sie aber doch über die so lange und oft aufgeworfene Frage vom Sensorio communi Einiges beizufügen hätten, wären alsdann die Paragraphen 28 bis 32 meiner Meinung nach mit einiger Veränderung gefolgt."

Zudem empfehle er, „als ein Überredender, und nicht als ein Beweisender zu Werke zu gehen". Und weiter:

„So hätten Sie auch meo voto der Seele nicht erwähnt; der Philosoph weiß nichts von ihr, und der Physiolog sollte ihrer nicht gedenken. Überhaupt haben Sie Ihrer Sache keinen Vortheil gebracht, daß Sie die Philosophen mit ins Spiel gemischt haben; diese Klasse versteht, vielleicht mehr als jemals, ihr Handwerk, und treibt es, mit Recht, abgeschnitten, streng und unerbittlich fort; warum sollten wir Empiriker und Realisten nicht auch unsern Kreis kennen und unsern Vortheil verstehn?"

Nach Michael Hagner war *Über das Organ der Seele* das Ende eines Versuchs, aus der Naturwissenschaft heraus einen Kompromiß zu erarbeiten, der die Seele in nicht physikalisch zu beschreibenden Zuständen deutete. Olaf Breidbach meint, Soemmerrings Fund des Seelenorgans im Liquor sei letztlich ein Versuch gewesen, das Ich materiell zu begreifen.

Friedrich Hölderlin (1770-1843) klebte in sein Exemplar von Soemmerrings *Über das Organ der Seele* ein Blatt ein, darauf die Verse:

Soemmerrings Seelenorgan und das Publikum.
Gerne durchschau'n sie mit ihm das herrliche Körpergebäude,
Doch zur Zinne hinauf werden die Treppen zu steil.

Soemmerrings Seelenorgan und die Deutschen.
Viele gesellten sich ihm, da der Priester wandelt' im Vorhof,
Aber ins Heiligthum wagten sich wenige nach.

„Aus allen Anzeichen geht hervor, daß ich als Schwärmer und exzentrischer Kopf geboren bin und daß man mich als Kind eher ins Spital als in die Schule hätte schicken sollen."

Franz Joseph Gall (1758–1828)

„Glieder des königlichen Hauses, Geschäftsmänner vom ersten Range, die ersten Aerzte und Wundärzte Berlins und eine große Anzahl lernbegieriger Gelehrten(!)", berichtet die Berliner Zeitung *Der Freimüthige* am 22. März 1805, seien gekommen, um Doktor Gall aus Wien zu sehen und zu hören. „Ganz schwarz angekleidet, in Schuhen und schwarzseidenen Strümpfen" steht der Doktor hinter einem Tisch, umringt von wächsernen Gehirnmodellen und Schädeln von Menschen und Tieren. Als einen „Mann in den besten Jahren, brünet, etwas blaß und wohlgewachsen" beschreibt ihn ein Königlich Preußischer Feldprediger. Die Gäste sind neugierig auf die Hirn- und Schädellehre, von der jetzt überall die Rede ist. Warum wohl hat der Kaiser in Wien die Privatvorlesungen des Arztes verboten?

Das Hirn sei keine solide Masse, erläutert Gall, „sondern eine große, in (...) regelmäßigen Falten liegende Haut." Der Redner greift zu einem halboffenen Schädel, aus dem ein hineingestopftes Tuch mit Wülsten und Furchen wie die gewundene Hirnmasse hervorquillt, und zieht es heraus. Jede der beiden Gehirnhälften sei eigentlich nichts weiter als eine vielfach gefaltete Haut, welche die darunter liegenden Nervenenden bedecke. Die Hirnwindungen seien „die peripherischen Ausbreitungen der Hirnnervenbündel", kein bloßes Spielwerk, sondern tatsächlich „die Organe der Geisteskräfte". Dann greift Gall nach einem Schädel und hält ihn hoch. Die individuelle Skulptur der Stirn, der Schläfen, des Scheitels und des Hinterhauptes, beschwört er das Publikum, verrate Charaktereigenschaften und Neigungen des Menschen.

Am 8. Juli 1805 trifft der Hof aus Weimar in Halle ein, Preußen hat amtliche Vertreter entsandt. Die Universität veranstaltet einen akademischen Empfang. Adelige, „Anatomiker", Künstler, Literaten und Studenten haben sich zur angekündigten Vorlesung des Wiener Arztes eingefunden. Als am frühen Nachmittag die Meldung die Runde macht, soeben sei Goethe aus Lauchstädt eingetroffen, ist die Atmosphäre zum Zerreißen gespannt.

Gall fesselt die 120 Zuhörer. Man staunt über die zahlreichen Gipsabdrücke von Menschenschädeln aller Alter und Stände, die in den Saal gebracht werden. Interessiert verfolgt der Geheime Rat aus Weimar die Vorführung. Während Goethe unbeweglich dasitzt, weist Gall schmeichelhaft auf das schöne Ebenmaß des hohen Dichterkopfes hin. Seine Methode bestehe nun darin, auf der Kopffläche und in den darunter befindlichen Hirnteilen Gebiete abzugrenzen, die für bestimmte Fähigkeiten zuständig seien. An dem längeren Hinterhaupt der Frau sei der Sitz der Anhänglichkeit zu erkennen, unter der größten Wölbung des Scheitelbeines befinde sich das Organ der Vorsicht, Bedächtigkeit und Sorgfalt und zugleich der Furcht und Melancholie. Scharfsinn und Urteilskraft führten auf der Stirnmitte zu einer Wölbung. Das Organ der Mimik läge tief im Innern an der Basis des Gehirns, der Sinn für Musikalität in einer bestimmten Stirnwindung. Der Geschlechtstrieb sei an das Kleinhirn gebunden. Äußerlich sei er an einem breiten Nacken zu erkennen. Kälte an dieser Stelle mindere und Wärme reize ihn. Schon die Römer hätten dies gewußt. Verstohlen beginnen die Zuhörer, Köpfe und Nackenpartien ihrer Nachbarn zu taxieren.

Seit 1796 hält Franz Joseph Gall Vorlesungen „über die Möglichkeiten, mehrere Fähigkeiten und Neigungen aus dem Baue des Kopfes und Schedels zu erkennen", anfangs nur für junge Ärzte, später auch für Laien, dann – man kreidete es ihm nasenrümpfend und moralisierend an – auch für Frauen und junge Mädchen. Im März 1805 ist er mit seinem Schüler Johann Kaspar Spurzheim aus dem strengen Wien ins aufgeklärtere Berlin gekommen. Leidenschaftlich und emphatisch tritt er in allen Städten auf: in Potsdam, Leipzig, Dresden, Halle, Jena, Göttingen, Heidelberg, Hamburg, Kiel, Kopenhagen, Bremen Amsterdam, Düsseldorf, Marburg, Gießen Karlsruhe, Freiburg, Stuttgart, Mannheim, Würzburg, Augsburg, Ulm, Zürich, Bern, Basel, und hat den Gedanken an eine Rückkehr nach Wien bald aufgegeben. Im Potsdamer Schloß lädt ihn der König zum Essen mit hohen Offizieren ein. Als Gall am

Franz Joseph Gall, Stich nach einem Gemälde von Karl Heinrich Rahl

Kopf eines Offiziers Angriffslust und Zerstörungswut feststellt, gratuliert der sichtlich beeindruckte König und sagt, die Tischgäste seien in Wirklichkeit Zuchthausinsassen, er habe ihn auf die Probe stellen wollen. Der König schenkt Gall einen wertvollen Brillantring, und man prägt Medaillen auf den neuen Seelenforscher mit der Inschrift: *Der Seele Werkstatt zu erspähn, fand er den Weg.*

Die Vorführungen des freien und fahrenden Gelehrten geraten zu einer triumphalen, zweieinhalbjährigen Tournée durch Deutschland, Dänemark, Holland und die Schweiz, die im November 1807 in Paris endet. Die Zeitungen berichten über seine Reise und diskutieren über seine Ansichten. Nach dem Besuch Galls in Leipzig im

Mai 1805 schreibt der *Europäische Aufseher* nicht ohne eine Prise Ironie:

> „In Leipzig wüthet jetzt eine Epidemie, die zwar nicht das körperliche, aber wohl das geistige Leben aufs Spiel setzt. (...) Alles schwatzt jetzt von der Schädellehre, alles enthusiasmisirt sich dafür. (...) Am Schädel sieht man ob Kant Scharfsinn, ob Lichtenberg Witz, ob Göthe Dichtertalent besitzt. (...) Das Schicksal jedes Menschen ist ihm an die Stirne, oder im Nacken, oder auf dem Wirbel, oder hinter die Ohren geschrieben; diesem kann er nicht entgehen, mag er es anfangen wie er will; die Mahomedaner haben dies längst geahndet, allein aufgeklärt konnten sie deshalb nicht werden, weil sie ihr Schicksal in den Himmel statt ins Gehirn fassen. Wären sie so klug, so einsichtsvoll als der Kaufmann F..., der schon alle seine Kinder, geborne und ungeborne, zu Hofräthen bestimmt hat, weil bei ihnen der Höhesinn im höchsten Grad entwickelt ist, oder wie die Frau von R... gewesen, die ihren treuesten K... deshalb den Abschied gegeben hat, weil ihm das Organ der freundschaftlichen Anhänglichkeit fehlt, so würden sie längst eingesehen haben, daß der Schädel Schicksal macht, (...) daß er den Einen aufs Schafot, den Andern auf den Thron bringt (...)."

Könige und Fürsten empfangen ihn, Ärzte und Anatomen setzen sich mit ihm auseinander, das breite Publikum klatscht Beifall. Doch auch Kritiker melden sich zu Wort. Als Gall in Göttingen die Gelehrten-Szene aufmischt, moniert der Altphilologe Christian Gottlob Heyne, Gall habe hier gewonnen und verloren. Man habe wohl den scharfsinnigen Beobachter erkannt, doch man vermisse Wahrheitssinn und Liebe für die Wissenschaft. Dagegen zeige Gall in unverschämter Weise die schädlichste Habsucht und die niedrigste Gewinnsucht und entehre seine Wissenschaft. Und der Göttinger Geburtshelfer Friedrich Benjamin Osiander findet, Gall zeichne „erstaunliche Unkenntnis" aus, er sei in Wirklichkeit ein geldgieriger Marktschreier, der es auf Kopf und Beutel des Publikums abgesehen habe.

Franz Joseph Gall wurde am 9. März 1758 in Tiefenbrunn bei Pforzheim als sechstes von zehn Kindern einer Kaufmannsfamilie geboren. Im kleinbürgerlich ländlichen Milieu erlebte er die Nähe zur

Natur und erlernte den Umgang mit Tieren. Er soll bereits an seinen Geschwistern und Mitschülern psychologische Beobachtungen angestellt haben. Nach Schulbesuchen in Baden-Baden und Bruchsal nahm er, der zunächst für einen geistlichen Beruf bestimmt war, 1777 ein Medizinstudium in Straßburg auf. Zu seiner Schädellehre soll ihn eine Beobachtung aus der Jugendzeit inspiriert haben. Als ihm wiederholt auffiel, daß Schüler und später Studenten mit hervortretenden Augen – Gall nannte sie „Klotzaugen" – besonders gut im Auswendiglernen waren, erschien ihm das Zusammenfallen des körperlich-anatomischen Merkmals mit dem ausgeprägten Wortgedächtnis nicht zufällig. Er heiratete die junge Frau, die ihn pflegte, als er krank war. Die Verbindung war unglücklich, und später verließ er seine Frau. Ab 1781 setzte Gall sein Studium in Wien fort, und nach seiner Promotion 1785 baute er eine erfolgreiche Praxis auf.

Das modernen Allgemeine Krankenhaus in Wien bot angehenden Ärzten eine vielseitige klinische Ausbildung. Ebenso günstig waren die Möglichkeiten, anatomische Studien zu betreiben. Gall obduzierte, sammelte Schädel, Tierschädel, Gipsabdrücke und Gehirn-Präparate. Im Jahr 1802 bestand Galls Sammlung aus mehr als 300 Schädeln von Menschen mit besonderen Eigenschaften, aus 120 Gipsformen von Schädeln sowie einer großen Zahl Tierschädel. Vor allem interessierten ihn Schädel außergewöhnlich begabter Menschen. Allgemein nahm diese Sammelwut zweifelhafte Ausmaße an. Im Jahr 1809 stellte man bei der Exhumierung der Überreste Joseph Haydns fest, daß der Kopf fehlte. An Beethovens Kopf hatte ein englischer Gelehrter das Gehörorgan entfernt, und auch Mozarts Schädel erfuhr ein makabres Schicksal. Der Wiener Oberhofbibliothekar und Dichter Michael Denis verfügte in seinem Testament, sein Kopf dürfe nicht in Galls Hände fallen.

Im Wiener Narrenturm, der dem Allgemeinen Krankenhaus angegliedert war, untersuchte Gall die Köpfe von Geisteskranken, deren Verhalten er als extreme Steigerung des normalen Verhaltens betrachtete. Die Ursachen für die Übersteigerung lagen seiner Ansicht nach im Gehirn. Nach seinem Lehrsatz „Geisteskrankheiten sind Gehirnkrankheiten" bestand denn auch für Dr. Franz Nord, den Leiter der Irrenabteilung, die Therapie in der mittelbaren oder unmittelbaren Beeinflussung einzelner Hirnorgane. Gall setzte sich für Sozialreformen und eine gerichtsmedizinische Einteilung der kranken Anstaltsinsassen ein. Da er Kriminelle als Opfer einer angeborenen Hirnorganisation betrachtete, sollte die Rechtsprechung seiner Ansicht nach Schuld und Strafe nach den individuellen Gegebenheiten bemessen. Bei seiner Arbeit als Hausarzt im Taubstummeninstitut kam er zu dem – später erwiesenen – Schluß, es gebe ein eigenes Seelenorgan für Sprachfähigkeit im Gehirn, von dem die übrigen geistigen Fähigkeiten unabhängig seien.

Seit dem Jahr 1796 hielt Gall Privatvorlesungen über seine neue Theorie, die er Organlehre nannte. Nach dem kaiserlichen Verbot blieb Gall zunächst in Wien. Als er nach drei Jahren mit seiner Theorie im unaufgeschlossenen Geistesklima der k. u. k. Monarchie zu versauern drohte, brach er im März 1805 mit seinem Assistenten Johann Caspar Spurzheim nach Berlin auf, reiste in Universitäts-Städte und an zahlreiche Höfe in Deutschland, Dänemark, Holland und die Schweiz. Er ging auf Vortragsreise, um seine Lehre, wie Cottas *Allgemeine Zeitung* schrieb, „den strengprüfenden Forschern, Denkern und Aerzten Norddeutschlands selbst mittheilen, ihre Einwürfe hören, ihre Berichtigungen benuzen(!) zu können", kurzgesagt, er wollte sie auf die Probe stellen. Vortragsreisende, die in Gelehrtenkreisen vorsprachen oder auch vor einem Laienpublikum auftraten, waren nicht ungewöhnlich. So erwarb sich der begeisterte Physiker Ernst Florens Friedrich Chladny seinen Lebensunterhalt mit Vorträgen und Demonstrationen über Akustik und Klangfiguren. Bald schätzte Gall sich glücklich, „mit den ausgewählten Menschen von allen Classen so vertraut zu werden (...). Keinem Kaiser könnte man mehr Achtung und Zudringlichkeit bezeugen." Am Ende verbreitete seine zweieinhalbjährige Vortragsreise seine Lehre viel wirksamer, als es ein Lehrbuch je gekonnt hätte.

Als Gall im November 1807 nach Paris kam, war ihm sein Ruf dorthin längst vorausgeeilt. Seine Ankunft in Paris und seine Schädellehre, Kranioskopie genannt, schlug sich in Zeitungen, in Karikatur und Satire, aber auch in der Trivialliteratur nieder. Es sind Schnupftabakdosen erhalten, die in Bildern den „Triomphe du Docteur Gall" und den „Marche Comique du Docteur Gall" kolportieren. Karl Friedrich Burdach, der Gall in Paris traf, schrieb:

„Uebrigens gab er [Gall] mir zu Ehren in der Salpetrière im Beisein mehrerer Ärzte eine Demonstration des Gehirns nach seiner

Weise, sprach dabei, als ob Alles was man vom Hirnbaue wußte, seine Entdeckung wäre, beschuldigte die Franzosen des Mangels an wissenschaftlichem Sinne und spottete über die Speculation der Deutschen; er nahm endlich eine sogenannte Entfaltung des Gehirns vor, d. h., er walkte es, ungefähr wie man einen Nudelteig auf der Faust in eine dünne Schicht auszieht. Auch fehlte es mir nicht an Gelegenheit, seine Einseitigkeit und Roheit kennen zu lernen."

Als Arzt der österreichischen Botschaft unter Graf Metternich, dem späteren Staatskanzler, der ihn unterstützte, kam Gall schnell mit Diplomaten-, Künstler- und Intellektuellenkreisen in Kontakt. Der Leibarzt Napoleons, Doktor Corvisart, wurde sogar sein Anhänger. Am 14. März 1808 legten Gall und Spurzheim dem Institut de France eine Schrift vor, die eine eigens eingesetzte Kommission prüfte. Deren Berichte trug der namhafte Naturhistoriker Georges Cuvier vor. Napoleon stellte die unangenehme Frage, warum die Akademie von einem Deutschen Anatomie lerne...

Gall, der in Wien Geschmähte, hatte bereits im Jahr 1802 in einem Brief an Cuvier um Anerkennung geworben. Er hatte ihm seine Organlehre auseinandergesetzt und hartnäckig hinzugefügt: „Indessen denken Sie ja nicht, daß ich diesen Gegenstand eher aufgeben werde, als mein Leben."

Die Kommission sah zwar keinen Widerspruch zwischen der Anatomie des Gehirns und Galls Auffassung von ihren Funktionen, jedoch auch keinen zwingenden Zusammenhang – womit sie völlig richtig lag. Doch Gall behauptete sich gegen die „Herren Kommissäre" und veröffentlichte mit Spurzheim seine Thesen. Die beiden Deutschen wurden in Frankreich jedoch nie groß gefeiert und galten eher als inakzeptable Bedrohung für die französische Wissenschaftler-Gemeinde. Galls bekanntester Gegner war der Physiologe Jean-Pierre Marie Flourens, der ihm vorwarf, den Glauben an die Einheit der Seele, an ihre Unsterblichkeit, an den freien Willen und an Gott zu untergraben. In der Zeit von 1810 bis 1819 erschien Galls und Spurzheims vierbändiges Werk *Anatomie et physiologie du système nerveux* mit 100 Kupfertafeln, darunter solchen vom Gehirn mit den eingetragenen „Grundfakultäten".

1813 trennte sich Spurzheim von Gall und reiste nach England, Schottland und in die USA, wo er eine veränderte Version der Gallschen Lehre verbreitete. Er schwächte deren pessimistischen Teil ab und vermehrte die Zahl der Hirnorgane von 27 auf 37, ließ aber die niederen, „bösen" weg, was der optimistischen Mentalität der Amerikaner und Briten entgegenkam. Überdies legte er Kriterien zur Deutung der Schädel fest. In diesen Ländern verbreitete sich die Schädellehre, die Spurzheim jetzt *Phrenologie* nannte, wie ein Lauffeuer in den städtischen Arbeiter- und Mittelschichten. In den Vereinigten Staaten wuchs sich die neue Lehre, Erna Lesky zufolge, zu einer nationalen Industrie aus. Zahlreiche phrenologische Gesellschaften entstanden, phrenologische Schädel, Karten und Abdrücke fanden reißenden Absatz. Der Firma Fowler and Wells gelang es, die Phrenologie in ganz Nordamerika zu kommerzialisieren und mit ihr ein großes Geschäft zu machen.

1819 wurde Gall französischer Staatsbürger, doch sein Wunsch, in die berühmte Académie Française aufgenommen zu werden, blieb ihm verwehrt. Gall machte eine Anzahl anatomischer Entdeckungen, darunter die des Ursprungs der Hirnnerven im Rückenmark sowie der Fasern in der weißen Substanz. Er erfand auch eine neue Technik zur Hirnsektion. Als 1825 seine Frau in Wien starb, heiratete er seine Freundin Marie Anne Barbe.

Gall starb am 22. August 1828 an einem Schlaganfall und wurde auf dem Friedhof Père Lachaise begraben.

Drei Tage später war im *Morgenblatt für gebildete Stände* zu lesen:

> „Dr. Gall hat in seinem letzten Willen verordnet, seinen eigenen Schädel seiner Sammlung einzuverleiben. Und auf dem Sterbebette suchte er ganz kaltblütig seiner Frau zu beweisen, daß es nichts zu bedeuten habe, ob Jemand mit oder ohne Kopf begraben werde."

„Mit illuminirten Kupfern geschmückt", schrieb *Der Freimüthige* im Oktober 1805 über ein auf Gall gemünztes Buch, „tritt uns aus Halle ein Werklein entgegen: Reise eines Schädellehrers. Eine launige Geschichte (...) Die Sache ist allerdings weit ernster, als die Spaßmacher glauben oder auch nur ahnden können." Hinter Galls spektakulären Auftritten, das erkannten auch die Presseleute, stand etwas Bedeutenderes. Seine Schädellehre, die er zu Markte trug, enthielt eine brisante Botschaft, die mit herrschenden Lehrmeinungen über Geist und Seele in Konflikt kam. Im Hintergrund der Ereignisse um Gall stand die entschlossene Bekämpfung des Materialismus.

Noch gab es kein Lehrbuch über seine Organ- und Schädellehre, denn Gall hielt sich aus Angst vor der Zensur mit dem Publizieren zurück. Im Jahr 1802 stellte er in einem Brief an Georges Cuvier in Paris in groben Zügen seine Lehre vor:

> „Wir Aerzte gestehen, daß wir von den Verrichtungen des Hirns beynahe noch nichts wissen, nehmen aber doch schon lange an, daß es das Organ der Seele sey, wovon alle Triebe der Thiere und die ganze Humanität des Menschen abhängen. (...) Das Messer der Zergliederer hatte uns bisher nichts gezeigt."

Alles, was bisher über die Seelenlehre geschrieben und gepredigt wurde, fuhr er fort, sei für den Naturforscher unbrauchbar. Von der vergleichenden Zergliederung der Hirne erwarte er sich zwar in der Zukunft große Fortschritte. Doch ihre Entdeckungen könnten erst dann gedeutet werden, wenn „auf anderen Wegen eine echte Psychologie gefunden" werde. Er habe eine Seelenlehre aufgestellt, nach der das Gehirn der Sitz der Seele sei, und in ihm mehrere „Organe der Seelenverrichtungen" entdeckt. Der erste Abschnitt des Gehirns

> „enthält die Organe des eigentlichen Lebens: nicht der Lebenskraft, welche durch alle Bestandtheile vertheilt ist: des Lebenstriebes, des Nahrungstriebes, des Begattungstriebes. Der zweyte Abschnitt enthält die Organe der Sinnenverrichtungen. Der dritte Abschnitt oder die zwey Halbkugeln enthalten die Organe, oder bestehen aus den Organen der eigentlichen Seelenverrichtungen, der Anlagen der Fähigkeiten und Neigungen. Zum Beispiel: Sachsinn oder Erziehungsfähigkeit, Ortsinn, Personensinn, Farbensinn, Tonsinn, Zahlensinn, Wortsinn, Sprachsinn, Kunstsinn; Kinderliebe, Freundschaft, Höhensinn, Stolz, Eitelkeit und Ruhmsucht, Raufgierde, oder Muth, Mordtrieb, Schlauheit, Diebssucht, Bedächtigkeit, Gutmüthigkeit, Religiosität, Standhaftigkeit, Scharfsinn, Tiefsinn, Witz, Inductionsvermögen oder Beobachtungsgeist, Darstellungsvermögen usw."

Das Gehirn bestand aus den Organen oder Werkzeugen der Seele. In ihnen hatten die angeborenen Fähigkeiten und Neigungen ihren Sitz. Galls Psychologie war insofern revolutionär, als sie das üblicherweise einheitlich aufgefaßte Ich – die Seele – in einzelne Grundkräfte aufteilte und ihnen jeweils ein Hirnorgan zuwies. Sein

System der „Grundfakultäten" entwickelte er durch vergleichende Verhaltensbeobachtungen bei Tier und Mensch. Er war so tief beeindruckt von unterschiedlich ausgeprägten Eigenschaften und Fähigkeiten, daß er unter der Annahme, daß diese Fähigkeiten Gehirnfunktionen waren, einfach einzelne Hirnorgane postulieren mußte. Lebewesen, meinte Gall, seien ihrer Existenz in unterschiedlichem Grade gewiß, sie hätten ein Ich. Dieses Ich werde mehr oder weniger eingeschränkt oder ausgebreitet, je nachdem wie mannigfaltig und intensiv die Empfindungen und wie zahlreich und wirksam die Hirnorgane seien. „Die Organe des Gehirns sind in gleicher Weise ebenso Kontaktstellen mit der Außenwelt," schrieb er, „ebenso Quellen neuer Arten von Empfindungen, Gefühlen, Instinkten, Neigungen, von Fakultäten." Das Dasein von Mann und Frau hänge im wesentlichen von zwei mächtigen Instinkten oder Hirnorganen ab, vom Geschlechstrieb und von der Liebe zur Nachkommenschaft. „Die Freuden der Ehe, den Zauber der Freundschaft und des gesellschaftlichen Lebens – wir schulden sie einem Hirnteil." Gall hatte keine Probleme damit, menschliche Fähigkeiten und Eigenschaften mit tierischen in Zusammenhang zu bringen. „Die List, die Verschlagenheit, die Schlauheit, die Gewandtheit, die Klugheit, bald Schutz des Schwachen, bald Werkzeug des Starken, verdanken ihre Machenschaften und Winkelzüge demselben Organ, dem der Fuchs das glückliche Ergebnis seiner nächtlichen Expeditionen schuldet."

Gall unterschied 27 Grundfakultäten, die ihren Sitz jeweils in einem Gehirnorgan hatten: 1. Fortpflanzungstrieb 2. Nachkommenliebe 3. Anhänglichkeit, Freundschaft 4. Mut, Selbstverteidigungsinstinkt 5. Würg- und Mordsinn 6. List, Schlauheit, Klugheit 7. Eigentumssinn, Hang zum Stehlen (!) 8. Stolz, Hochmut, Herrschsucht 9. Eitelkeit, Ruhmsucht, Ehrgeiz 10. Behutsamkeit, Vorsicht 11. Sachgedächtnis, Erziehungsfähigkeit 12. Ortssinn, Raumsinn 13. Personensinn und -gedächtnis 14. Wortgedächtnis 15. Sprachsinn 16. Farbensinn 17. Tonsinn, Musiktalent 18. Zahlensinn, Zeitsinn 19. Kunst-, Bausinn 20. Vergleichender Scharfsinn 21. Metaphysischer Tiefsinn 22. Witz, Kausalität, Folgerungsvermögen 23. Dichtergeist 24. Gutmütigkeit, Mitleiden, moralischer Sinn, Gewissen 25. Nachahmungssinn 26. Sinn für Gott und Religion 27. Festigkeit, Beständigkeit. Tiere sollten über maximal 19 Grundfakultäten bzw. Hirnorgane verfügen.

Mit dem zweiten Teil seiner Lehre, der Schädellehre, erregte Gall erst recht Aufsehen. Die innere Hirnorganisation, davon war Gall überzeugt, spiegele sich an der äußeren Gestalt des Schädels wider. Das Gehirn modelliere gleichsam den Schädel auf „von der Entstehung der Kopfknochen an bis zum höchsten Alter". Daher sollten sich die Hirnorgane, also die geistig-seelischen Anlagen, je nach dem Grad ihrer Ausprägung als Erhabenheiten oder Vertiefungen am Kopf erkennen lassen. Im Brief an Cuvier fuhr er fort:

> „Da nun die Halbkugeln mit ihrer äussern Fläche die innere Fläche des Schedels berühren und bilden, so ist begreiflich, daß die grösseren oder geringeren Entwicklungen der einzelnen Organe durch Erhabenheiten oder Ebenen und Einsenkungen auf der äusseren Fläche des Schedels gesehen und gefühlt, folglich die grösseren oder geringeren Anlagen gewisser Eigenschaften erkannt werden können."

Nach Robert M. Young basiert Galls Organlehre auf folgendem Schema:

1.		2.		3.		4.
Auffallendes Verhalten (Begabung, Neigung, Manie)	→ bedeutet ← verursacht	Fakultät (Angeborener Instinkt)	→ bedeutet ← verursacht	Hirnorgan (Verschiedene Aktivität je nach Entwicklung)	← bedeutet → verursacht	Erhabenheit am Schädel (Umfang verschieden je nach korrespondierendem Hirnorgan)

Auf welche Weise machte Gall nun Grundfakultäten an bestimmten Stellen des Schädels fest? Ein absurd erscheinendes Beispiel soll dies zeigen. Den Würg- und Mordsinn ortete Gall an der Schläfe über dem Ohr – aus drei Gründen: Erstens sei dies der größte Teil des Schädels bei Raubtieren. Zweitens hatte Gall bei einem Studenten, dem es Spaß machte, Tiere zu quälen, und der Chirurg wurde, an dieser Stelle eine Erhabenheit gefunden. Und drittens war diese Partie bei einem Apotheker, der später Henker wurde, gut ausgebildet.

Gall war nicht der einzige, der Menschen nach der Kopfform und anderen Körpermerkmalen klassifizierte. In einer Zeit, die sehr visuell ausgerichtet und an Methoden der Selbsterkennung und der Erkennung der Mitmenschen interessiert war, florierten Klassifikations- und Typen-Lehren. Nach der Physiognomie-Lehre des Schweizers Johann Kaspar Lavater zum Beispiel drückten körperliche Merkmale – die Nase, Augenfarbe, der Körperbau – den wahren Charakter aus. Das Köpfe-Abtasten nach Doktor Gall wurde schnell in den Wiener Gesellschaftskreisen Mode, für das sich Musiker, Bildhauer, Schriftsteller, Staatsbeamte und sogar „Frauenzimmer" interessierten.

Überhaupt soll Gall stark auf Frauen gewirkt haben. Das meint auch die Forscherin und Autorin Sigrid Oehler-Klein. Charlotte Schiller empfand ihn als einen interessanten Menschen von Scharfsinn und Genialität, mit einem einfachen unbefangenen Wesen. Charlotte von Stein fand, Gall habe ein bedeutendes Gesicht, er scheine gutmütig, doch schlau zu sein. Wenn er vortrage, fahre er sich mit der Hand übers Gesicht, „gerade wie Goethe zu tun pflegt".

Dem Kaiser und der Kirche jedoch erschien Gall zu charismatisch und dessen Seelenlehre zu materialistisch. Franz II. wies per Dekret am 24. Dezember 1801 seinen Staatskanzler an, Galls Privatvorlesung zu verbieten:

„Der Doctor Medicinä Gall giebt, wie ich vernehme, in seinem Hause Privatvorlesungen über die von ihm erfundene Theorie des menschlichen Hirnschädels und soll häufigen Besuch nicht nur von Männern, sondern auch von Weibern und jungen Mädchen erhalten. Da über diese Kopflehre, von welcher mit Enthusiasmus gesprochen wird, vielleicht manche ihren eigenen Kopf verlieren dürften, diese Lehre auch auf Materialismus zu führen, mithin gegen die ersten Grundsätze der Religion und der Moral zu streiten scheint, so werden Sie diese Privatvorlesungen allsogleich (...) verbieten lassen."

Der Materialismus-Vorwurf begleitete Gall ein Leben lang. Der Geist, die Seele, hatte über der Materie zu stehen, erst recht über der schwabbeligen Gehirnmasse. Der Geist sollte dem Bereich der Theologen und Philosophen vorbehalten bleiben und keinesfalls Ärzten oder Hirnphysiologen zufallen. So erklärte auch der Geheime-Rath Walter in Berlin die „Hirnschädellehre für eine der Religion und dem Staate gefährliche Fabel, (...) wegen des Materialismus, der (...) unverkenntlich darin enthalten sey". Gall wies den Materialismus-Vorwurf zurück und meinte, „daraus, daß die Seele, um in einem Körper wirksam zu seyn, der Organe bedarf, folgt nicht, daß sie derselben auch noch bedürfe, wenn sie von ihm getrennt [nach dem Tod], oder daß sie selbst materiell ist."

In Frankreich kämpfte Jean-Pierre Marie Flourens unerbittlich gegen Gall und entschied den Streit über Lokalisation zunächst zugunsten der Antilokalisierer. Um Gall zu widerlegen, entfernte Flourens das Gehirn einer Taube – Schnitt für Schnitt – und beobachtete zunächst keine Ausfallerscheinungen. Daher sollten die Gehirnlappen „als eine totale Einheit" zusammenarbeiten, wenn sie ihre Funktionen ausführten.

Ein weiterer Stein des Anstoßes war für einige Zeitgenossen eine strenge Schicksalsbestimmung, die in Galls Menschenbild steckte. Eine deutliche Vorbestimmtheit (Determiniertheit) des Menschen mußte mit dem Ideal vom freien Willen in Konflikt geraten. Der *Europäische Aufseher* wies 1805 eine materiell-physiologische Bestimmtheit der geistigen und moralischen Person zurück:

„Aus solchen Behauptungen des Dr. Gall (...) geht nun hervor, daß der Mensch bloß das werden kann, wozu er von Natur das Organ hat; ist nun dies der Fall, so ist der Mensch eine Maschine, also alle Foderungen des Sittengesetzes sind Hirngespinste, alle Hoffnungen eines Besserwerden bei dem, der einen (!) Organ zum Widerrechtlichen oder Unmoralischen hat, sind ein Phantom. (...) Das Sittengesetz ist gewiß; (...) es kündigt sich durch ein sollen an; seine Wirkung ist mit seiner Ursache homogen, sein Erklärungsgrund stimmt mit dem Wesen überein, dem es seyn Dasein verdankt, es stammt vom Geiste ab, wird psychologisch aufgefaßt, und psychologisch erklärt und begründet (...). Dies ist aber bei der Gehirn- und Schädellehre des Dr. Gall keineswegs der Fall; das Geistige wird physiologisch behandelt."

Gall, der die Seele zergliederte, glaubte dennoch an ihre Integrität und Ganzheit.

„Nemlich denken und sich bewußt seyn, habe kein besonderes örtliches Organ, wie die übrigen, sondern schwebe wie der Geist selber, gemeinschaftlich über alle, beherrsche die Organe als materielle Werkzeuge, wodurch beide ihre Würkungen in der Sinneswelt versichtbaren."

Das Bewußtsein blieb eine allgemeine Eigenschaft aller Organe. Vernunft, Wille und Gedächtnis waren bei Gall nach Gunter Mann gleichermaßen ausgebreitete, überdachende Fakultäten, nicht punktuell gebunden, sondern „gemeinschaftliche Karaktere und Qualitäten des ganzen Inbegriffs".

Gall fragte nicht, wo sitzt die Seele, vielmehr, wo sitzen die Werkzeuge der Seele? Er wußte nicht, auf welchem Prinzip die Verrichtungen der Seele beruhten, doch er war sicher, daß „dieses Princip, wenigstens so lange es mit dem Körper verbunden ist, unter die Herrschaft des Naturforschers" fällt. Nur der Naturforscher könne „diese körperlichen Bedingungen, diese Werkzeuge der Seele und die Veränderungen, welchen sie unterliegen, erforschen". Daher bestand Galls wichtiger Beitrag für die Wissenschaft darin, daß er die Lehre von der Seele, die Psychologie, dem Bereich der spekulativen Philosophie entzog und sie physiologisch fundierte. Insoweit war er Materialist.

Die Verbindung des Geistes mit dem Körper könne man ebenso wenig fassen wie die Art, in der der Geist seine Kräfte durch die materiellen Organe äußere. Der Jenaer Professor und Hofmedicus Christoph Wilhelm Hufeland fand sich nach Auseinandersetzung „mit Herrn Gall darin vollkommen übereinstimmend, daß das Geistige in uns durch Organe würkt". Hufeland dachte offenbar ähnlich wie Gall über das Gehirn und über die Seele. Er schrieb 1797:

„Die Seele ist in meinen Augen etwas ganz vom Körper verschiedenes, ein Wesen aus einer ganz andern, höhern, intellectuellen Welt; aber in dieser sublunarischen Verbindung und um menschliche Seele zu seyn, muß sie Organe haben, und zwar nicht bloß zu den Handlungen, sondern auch zu den Empfindungen, ja selbst zu den höhern Verrichtungen des Denkens und Ideenverbindens und diese sind das Gehirn – und das ganze Nervensystem. Die erste Ursache des Denkens ist also geistig, aber das Denkgeschäft selbst (so wie es in dieser menschlichen Maschine getrieben wird) ist organisch. So allein wird das so auffallend Mechanische in vielen Denkgesetzen, der Einfluß physischer Ursachen auf Verbesserung und Zerrüttung des Denkgeschäftes erklärbar, und man kann das Geschäft selbst materiell betrachten und heilen (...) ohne ein Materialist zu sein, d.h. ohne die erste Ursache desselben, die Seele für Materie zu halten, welches mir wenigstens absurd zu seyn scheint."

Doch das extrem schwierige Leib-Seele-Problem stand ebenso wenig im Mittelpunkt der Debatten um Gall wie das Gehirn, der eigentliche Gegenstand seiner Untersuchung. Am heftigsten griff man sein am wenigsten gesichertes Stück an, die Schädellehre, die bald in Verruf geriet. Bereits Napoleon schenkte ihr keinen Glauben und bemerkte spitzfindig über den „docteur allemand":

> „Und sehen Sie die Einfältigkeit von Gall: er teilt bestimmten Höckern am Kopf Neigungen und Verbrechen zu, die in der Natur nicht gegeben sind, die nur von der Gesellschaft und der Konvention der Menschen kommen: wie sollte denn ein Diebshöcker entstehen, wenn es kein Eigentum gäbe? Der Höcker der Trunksüchtigkeit, wenn es nicht alkoholische Getränke gäbe? Jener der Ruhmsucht, wenn keine Gesellschaft existierte?"

Dem Heidelberger Anatom Jacob Fidelis Ackermann war klar, warum Gall von den Anatomen und Physiologen so schwer zu widerlegen war:

> „… die innere Struktur des Hirns ist den wenigsten Aerzten bekannt, und die inneren Gestaltungen des Gehirns lassen sich gar mannichfaltig deuten. Es war also zu erwarten, dass hier kein offenbarer Widerspruch der Posse so bald ein Ende machen würde."

Georg Wilhelm Friedrich Hegel hatte es als Philosoph da einfacher, die Schädellehre auseinanderzunehmen. Er pointierte deren letzte Konsequenz mit dem Satz, die Wirklichkeit des Menschen sei sein Schädelknochen. Zum Zusammenhang zwischen Schädelform und Charaktereigenschaften bemerkte er:

> „Krämer und Hausfrau konnten auch die Beobachtung machen, daß es immer regnet, wenn dieser Nachbar vorbeigeht, oder wenn Schweinsbraten gegessen wird. Wie der Regen gegen diese Umstände, so gleichgültig ist für die Beobachtung diese Bestimmtheit des Geistes gegen dieses bestimmte Seyn des Schädels."

Die Schädellehre oder Kraniokopie, die später in Bausch und Bogen vernichtete und als völlig unhaltbar abgelehnte Diagnose von Charaktereigenschaften und Neigungen anhand der Schädelform, war jedoch nur eine Seite der Medaille. Auf der anderen Seite stand die bedeutende Erkenntnis, daß geistig-seelische Fähigkeiten eine Entsprechung im Gehirn haben oder ein materielles Korrelat, wie man heute sagt, und zwar an eingrenzbaren Stellen des Gehirns. Die Lokalisation von Hirnfunktionen, die im 19. und 20. Jahrhundert eine Blütezeit erlebte, bestätigte diese Grundannahme. Um das Jahr 1812 wies Jean-César Legallois im verlängerten Rückenmark das Atmungszentrum nach. In seinen Experimenten konnten Kaninchen ohne Größhirn noch 15 Minuten lang leben; erst die Entfernung eines kleinen Teils aus dem verlängerten Rückenmark in Höhe des achten Hirnnervs stoppte sofort die Atmung. Legallois' Entdeckung war die erste allgemein akzeptierte Lokalisation einer Hirnfunktion. Als Gall 1828 starb, dauerte es nicht mehr lange, bis Hirnforscher zahlreiche geistige Funktionen und Empfindungen – Verrichtungen der Seele in der Sprache Galls – im Gehirn orteten, und das Zeitalter der Lokalisationen anbrach. Der Gall-Forscher Peter Christian Wegner urteilt daher:

> „Wenn Galls Organologie sich auch als unhaltbar erwiesen hat, was erst recht für die Kranioskopie, sozusagen ihre Außenseite, gilt, so lenkt beides doch den Blick besonders auf die Hirnoberfläche und damit die Windungen, und der Irrtum beflügelt letztlich die Wahrheit: Galls unhaltbare Auffassungen bleiben der Ausgangspunkt für moderne Bemühungen einer Lokalisation komplexer geistiger und seelischer Funktionen in der Hirnrinde bzw. dem Gehirn als Ganzem."

Einmal äußerte sich Gall zum „Unterschiede der Weiber- und Männerköpfe". „Was ich hierüber zu sagen hätte, bleibt unter uns", meinte er geheimnisvoll zu Retzer und setzte hinzu: „Wir wissen es alle, daß Weiberköpfe schwer zu entziffern sind."

*„Leider bin ich nicht, glaube ich, für diese Art
ruhiges Glück zugeschnitten; ich muß diese (...)
Hindernisrennen haben."*

Pierre Paul Broca (1824–1880)

Professor Broca arbeitet erst seit wenigen Tagen als Chirurg im Pariser Krankenhaus Bicêtre, als am 11. April 1861 ein schwerkranker Patient aus dem Pflegeheim auf seine Station verlegt wird. Nicht nur, daß der unglückliche Mann halbseitig gelähmt ist und nicht sprechen kann – zu spät haben die Pflegerinnen bei ihm eine diffuse Zellulitis entdeckt, die inzwischen das gesamte rechte Bein erfaßt hat. Der Zustand des 51jährigen Monsieur Leborgne ist so ernst, daß lange Untersuchungen ihn nur quälen würden. Daher erkundigt sich Broca zunächst nach seiner Krankengeschichte.

Epileptiker von Jugend an, lernte Leborgne den Beruf des Schusterleistenmachers. Im Alter von 30 Jahren verlor er seine Sprache und 10 Jahre später allmählich die Gewalt über seine rechten Körperhälfte. 21 Jahre hat Leborgne bereits im Hospiz verbracht, seit seiner halbseitigen Lähmung vor 7 Jahren ist er ans Bett gefesselt. Tan nennt man ihn, der nur diese Silbe über die Lippen bringt. Kurios genug, daß er manchmal, wenn man ihn partout nicht versteht, in seiner Wut immerhin ein „Sacré nom de Dieu" (Gottverdammt) ausstößt. Niemand kann sagen, ob Tan vor 21 Jahren seine Sprache schnell oder allmählich verlor. Im Hospiz soll er in früheren Jahren rechthaberisch und gemein gewesen sein und schon mal etwas geklaut haben. Doch in den letzten Jahren war er nicht mehr fähig, Ärger zu machen. Er sieht nur noch sehr schlecht, und anscheinend hat auch sein Verstand nachgelassen.

Ironie des Schicksals – der hoffnungslose Leborgne kommt Broca wie gerufen. Seit Jahren diskutieren Ärzte in Paris über die Ursachen des Verlusts der Sprache. Alle Tatsachen deuten auf eine Hirnschädigung hin. Noch eine Woche zuvor, am 4. April 1861, sprach Dr. Ernest Auburtin in der von Broca gegründeten Société d'Anthropologie *Über den Sitz des Sprachvermögens* im vorderen Stirnhirn. Broca kann nicht Leborgnes Leben retten, aber er erhält der Nachwelt dessen Gehirn.

Der 37jährige Arzt, ein scharfer Analytiker, ehrgeizig, prüft wie ein moderner Neurologe ebenso Leborgnes Körperfühlvermögen und Sinne wie seine motorischen Funktionen. Offenbar spürt Tan in der rechten Körperhälfte nicht mehr viel. Seine Schließmuskel funktionieren, und seine Zunge ist normal beweglich. Die Schwierigkeiten beim Schlucken zeigen eine beginnende Lähmung des Schlundes an. Auf Fragen nach Zahlen antwortet Leborgne mit den Fingern. Nach dem Verlauf seiner Lähmung befragt, zeigt er zuerst auf seine Zunge, dann auf seinen rechten Arm, dann auf sein rechtes Bein. Broca zieht Auburtin hinzu – beide Ärzte vermuten eine unheilbare Verletzung im Stirnhirn des Mannes.

Am 17. April 1861 stirbt Leborgne. Einen Tag später entnimmt Broca das Gehirn. Mit bloßem Auge erkennt er die schweren Verletzungen und entschließt sich, es unzerschnitten zu konservieren. Noch am selben Tag berichtet er vor der Société d'Anthropologie über den verstorbenen Patienten und zeigt das kranke Organ. Zerstört seien sowohl ein Bereich im Stirnlappen als auch im Schläfenlappen an der Grenze zum Scheitellappen. Aufgrund der Krankengeschichte vermute er, daß eine Schädigung der zweiten oder dritten Windung des Stirnlappens zum Verlust der Sprache geführt habe.

Broca, der bereits zu Frankreichs ersten Medizinern zählt, hat nach Jahren auch wieder ein bedeutendes Thema für die Société Anatomique. Im August 1861 trägt er dort Einzelheiten seiner Untersuchung und seine Deutung vor. In Leborgnes Gehirn seien Teile der zweiten und dritten Windung und der präzentralen Windung im Stirnlappen zerstört sowie die obere Windung im Schläfenlappen, die Insel und der Streifenkörper. Dreiviertel des Stirnlappens seien ausgehöhlt. Die übrigen Hirnteile seien weicher als normal und befänden sich in Rückbildung. Mit einem Gewicht von 987 Gramm sei Leborgnes Gehirn um 400 Gramm leichter als ein durchschnittliches Gehirn eines 51jährigen. Seiner Überzeugung nach habe der mindestens 21jährige Prozeß der Gehirnzerstörung an der Stelle mit der größten Ausdehnung und Tiefe begonnen, demnach an der dritten Stirnwindung. Weiter entfernt liegende Teile wie die obere Windung im Schläfenlappen seien zwar weicher als normal, aber noch nicht vollständig zerstört. Da Leborgne zu-

Pierre Paul Broca, um 1875

erst die Sprache verloren und sich erst Jahre später die Lähmung zugezogen habe, müsse das Sprachvermögen im Stirnlappen angesiedelt sein, und zwar in der zweiten oder dritten Windung.

Wie um seine Vermutung zu überprüfen, kann Broca sich bald eines zweiten Falles annehmen. Am 27. Oktober 1861 behandelt er einen 84jährigen Mann, der sich den Oberschenkelhals gebrochen hat. Monsieur Lélong, der vor anderthalb Jahren seinen ersten

Schlaganfall erlitten hat, kann nur noch fünf Wörter sprechen: Lelo, seinen Namen, oui, non, tois (für trois) und toujours. „Wissen Sie, wie man schreibt?" fragt Broca. „Oui", antwortet Lelong. „Können Sie?" „Non". „Versuchen Sie es", fordert ihn Broca auf, doch der Mann kann den Federhalter nicht führen. „Haben Sie Kinder?" „Oui" „Wie viele?" „Tois", und bei dieser Antwort zeigt Lélong vier Finger, denn er hat vier Kinder. „Wieviel Mädchen?" „Tois", kommt dieselbe Antwort wie auf alle Zahlenfragen, und Lélong zeigt zwei Finger. „Was haben Sie getan, bevor Sie ins Bicêtre kamen?" „Toujours", antwortet Lélong und macht mit seinen Armen Bewegungen wie beim Graben mit dem Spaten. Tatsächlich, erfährt Broca, war der Mann früher Gräber.

Zwölf Tage später stirbt Lélong an einem Dekubitus. Im Gehirn des Verstorbenen findet Broca eine klar begrenzte Verletzung der zweiten und dritten Windung im Stirnlappen, wobei die dritte stärker betroffen ist. Vor der Anatomischen Gesellschaft teilt er zwar mit, daß zwei Fälle nicht genügten, um eine Frage der Gehirnphysiologie zu klären, er vermute aber, daß die dritte Stirnwindung unverzichtbar für die artikulierte Sprache sei. Noch verliert er kein Wort darüber, ob die linke oder rechte Gehirnhälfte betroffen ist.

Die Lokalisation des Sprachvermögens in der dritten Windung des Stirnlappens elektrisiert die Fachwelt. Niemand hat bisher einer einzelnen Hirnwindung eine Funktion zugeschrieben – und jetzt gleich das Sprachvermögen! Die darmartigen Wülste des Gehirns erscheinen den meisten Wissenschaftlern als systemlose Masse. Die Hirnwindungen sind nicht einmal geheimnisvoll, sie sind schlicht ohne Bedeutung. Doch nun beginnen Ärzte und Forscher fieberhaft, kranke Gehirne zu untersuchen und weitere Vermögen im Gehirn zu orten, und gegen Ende des Jahrhunderts warten einige von ihnen mit genauen „Landkarten vom Gehirn" auf, in die sie neben der *Broca-Region* mehr als 200 Funktionen einzeichnen.

Pierre Paul Broca entstammte einer Hugenotten-Familie. Er wurde am 28. Juni 1824 in Sainte-Foy-la-Grande im Département Gironde (Hauptstadt: Bordeaux) geboren. Die Mutter soll ernst, fleißig, aufrichtig und perfektionistisch gewesen sein, nach den Worten von Francis Schiller ein wahres Kind der Revolution mit allen Tugenden der Tochter eines militant calvinistischen Pastors. Der Vater war ein Armenarzt, der angeblich vielen seiner Patienten die Medikamente bezahlte, und ein Erzähler mit Witz. „Es ist nichts" war sein Lieblingssatz – „Coi ré" in der dortigen Mundart –, und bald nannte man ihn so. Der Sohn soll von ihm eine gütige und ruhelose Veranlagung, Kollegialität und Interesse für Naturgeschichte mitbekommen haben. In der Schule entfaltete Paul vielseitige Interessen, er lernte alte und neue Sprachen und Mathematik gleichermaßen ohne Probleme, spielte Horn, zeichnete und schrieb Gedichte. Er wurde Ersatzlehrer in Mathematik und gab seinen Mitschülern Unterricht in Geschichte. Die Romantik ergriff den skeptischen Rationalisten nicht, der an der berühmten École Polytechnique in Paris Medizin studieren wollte.

Im Oktober 1841, Paul war 17, zog er in das Collège Sainte Barbe im Quartier Latin ein. „Ich war zweimal im Sezier-Saal. Ich sah die Studenten in ihren blauen Kitteln über Leichen gebeugt", schrieb er, „wie sie das menschliche Fleisch aufschnitten, zerschnippelten, durchlochten und sondierten, ihre Hände darin versenkten und sie, mit Blut und Eiter beschmiert, zurückzogen. All dies ist zu scheußlich, um daran zu denken, und als ich reinkam, erwartete ich gleich, ich müßte wieder hinaus. Zur Zeit ist der Hauptpunkt geklärt, das große Hindernis beseitigt, und ich kann ohne Schwierigkeiten Arzt werden." Der Student konnte es nicht lassen, naturwissenschaftliche Vorlesungen zu besuchen, z.B. über Optik, wo sich, wie er bemerkte, die Erscheinungen wunderbar mit der neuen Wellentheorie erklären ließen. Gegen Ende seines Studiums mußte er feststellen, daß 100 Studenten um 7 oder 8 Stellen konkurrierten. Er schaffte es ohne Steigbügelhalter. Broca begann im Hospital Bicêtre unter dem Psychiater Professor Leuret. Als sich der 20jährige um einen psychisch kranken Herzog kümmerte, schrieb er an seine Mutter:

> „Ich verdiene 500 Francs im Monat, nicht mehr, nicht weniger. Ich wohne bei einem Herzog, habe fürstliche Mahlzeiten. Ehrlichgesagt, ich trinke einen feinen Bordeaux und rauche Zigarren, ein Sous das Stück."

Broca lernte einen Manisch-Depressiven kennen. 36 Stunden dauerte dessen Wahnattacke, 12 Stunden der depressive Zusammenbruch. Broca wurde Zeuge der Behandlung: Man übergoß den Patienten mit kaltem Wasser. Im folgenden Jahr nahm er Stellen als chirurgischer Assistent in verschiedenen Krankenhäusern an. Mehrere seiner

Chefs, beklagte er, hätten ihm leere Versprechungen über eine Festanstellung gemacht.

Ende 1845 oder Anfang 1846 wurde Broca aus bis heute nicht geklärten Gründen vom Dienst suspendiert. Eine Rolle könnte gespielt haben, daß der politisch linke junge Mediziner vier Artikel für ein rebellisches Studentenblatt geschrieben hatte, Texte, die sein Biograph Francis Schiller „ernst, reif, oft konstruktiv und manchmal kraftvoll radikal" fand. In dieser Zeit las der arbeitslose junge Arzt Bände medizinischer Lehrbücher. Im Juli 1846 bestand er das Auswahlverfahren für einen Assistenten der Anatomie mit 22 Jahren. Im November setzte sich ein Mitglied des Stadtrates dafür ein, daß Broca wieder im öffentlichen Dienst eingestellt wurde; er kam als Internist-Anwärter ins Krankenhaus Hôtel-Dieu. Seine Karriere in Paris erschien ihm noch immer höchst ungewiß. Er jage zwei Hasen hinterher, wie er sagte, als Anatom an der École Pratique mit dem Ziel, Prosektor zu werden, und als Internist am Hôtel-Dieu. Im Jahr 1847, als er das Examen als Internist bestand, wußten die Eltern, ihr Sohn würde nicht die Praxis des Vaters auf dem Land übernehmen. Als Broca für ein paar Tage einen Freund, der als praktischer Arzt sein Auskommen hatte, und dessen Familie besuchte, schrieb er:

„Leider bin ich nicht, glaube ich, für diese Art ruhiges Glück zugeschnitten; ich muß diese (...) Hindernisrennen haben. Arme menschliche Natur!"

Inmitten der revolutionären Unruhen im Februar 1848 unterstützte Broca als enthusiastischer Republikaner die Ablösung des Dekans der medizinischen Fakultät. In der Millionenstadt grassierte die Not. Ein Drittel der Bevölkerung lebte von öffentlicher Fürsorge, 450 000 Einwohner bekamen Lebensmittelkarten, und die Brotpreise stiegen. Vier Monate später nach den Wahlen Louis Napoléons war seine Begeisterung dahin:

„Ich verabscheue die Politik. Es sind Esel, die Louis Napoléon gewählt haben, Egoisten, die Thiers, Narren, die Lagrange und Schwindler, die beinah Girardin gewählt haben. Dies ist Paris, die Stadt des Lichts, Fortschritts und der Intelligenz. Es schmerzt zu sagen, doch unser Land ist nicht nur insgesamt unintelligent, es gibt nicht einmal darin intelligente Individuen (...) Laß das Rad der Ereignisse sich drehen, wie es will. Die Republik auf der einen Seite, Despotie auf der anderen und in der Mitte Verfassungs-Heuchelei, und das Wasser dreht unaufhörlich das Rad. Dreht und dreht, es ist mir egal. Es wird immer irgendeinen Engländer geben, der Anatomie lernen möchte und ein paar Bürger, die sich das Bein brechen."

Broca hatte seine Stimme nicht den Kommunarden gegeben, sondern überraschenderweise dem eiskalten General Cavaignac, der ein Massaker angerichtet hatte, um die Republik zu retten.

Im Jahr 1847 kaufte Broca sich für 400 Francs ein eigenes Mikroskop. Drei Jahre später gewann er einen Wettbewerb der Akademie der Medizin über die Natur von Krebs. Seine Schrift knüpfte an die brandneue, noch nicht allgemein akzeptierte Zelltheorie an, nach der Zellen die kleinsten Einheiten in der belebten Welt sind. Brocas Beschreibung von Tumorzellen war bis auf die noch unbekannte Zellteilung und Kernverdoppelung vollständig. Er beobachtete womöglich als Erster, daß Krebszellen mit dem Blutstrom im Körper verbreitet werden können, und schrieb 62 Beiträge zum Thema.

Im Mai 1850 erhielt Broca eine Absage auf seine Bewerbung um eine Stelle als Krankenhaus-Chirurg. Der 26jährige lehrte als freier Professor: „Ich hatte zwei Befürchtungen: Würde ich Studenten haben? Und würde ich dieser Art Vorlesung gewachsen sein? (...) Würden sie mich für fähig halten?" Nach seiner 4. Vorlesung hatten die Befürchtungen seinem starken Selbstbewußtsein Platz gemacht. An die Studenten gewandt, sagte er:

„Ich pflege nicht bescheiden mit Ihnen zu sein. Bescheidenheit zwischen Menschen, die sich lieben wie wir, ist wirklich eine Schwäche, ein fehlendes Verständnis für den eigenen Wert oder einfach Heuchelei, die das Offensichtliche zu verbergen versucht. Mein Amphitheater ist stets voll gewesen [300 Sitzplätze]."

Im Frühjahr 1853 erwarb Broca den begehrten Titel *Chirurgien agrégé*. Mit einer Schrift über Rachitis, in der er eine Beziehung zur Knochenbildung und als Ursache Mangelernährung erkannte, gewann er 1852 einen Preis der Akademie der Wissenschaften. Als Broca auf die Dreißig zuging, hatte er sich in der Fachwelt einen Namen gemacht. Waren für ihn ein paar Jahre zuvor Heiraten und Privatpraxis noch „die zwei Auslöscher der Wissenschaft", schloß er im Juli 1857 mit Adèle Augustine Lugol, einer strengen Schönheit und Arzttochter, die Ehe. Im folgenden Jahr wurde die Tochter Pauline geboren, 1859 und 1863 die Söhne Auguste und André. 1859 verließ Broca die Société de Biologie, die an der Doktrin von der Unveränderlichkeit der Arten festhielt, und gründete die Société d'Anthropologie. Die Anthropologie war „das Studium der menschlichen Gruppe als ein Ganzes, in ihren Details und im Verhältnis zum Rest der Natur". Broca gewann den namhaften Isidore Geoffroy Sainte-Hilaire vom Naturgeschichtlichen Museum als Gründungsmitglied und Ambroise Auguste Tardieu als Sprecher, der wenig später Dekan der Medizinischen Fakultät wurde. Die Auflagen zur Gründung einer Gesellschaft waren streng. Die 19 Mitglieder – ab 20 Mitglieder waren Versammlungen in der Regel verboten – durften keine Fragen der Politik oder Religion erörtern. In der Anfangszeit nahm sogar ein Polizeibeamter an den Sitzungen teil, der seiner Dienststelle zu berichten hatte. Nach einem Jahr drückte man gnädig ein Auge zu, als die Zahl der Mitglieder bereits 100 erreichte. Broca zog es vor, nicht Präsident der Gesellschaft, sondern deren Generalsekretär zu sein. Der Gesellschaft schloß sich auch der alte Baillarger an, der 20 Jahre zuvor die Schichten der Gehirnrinde entdeckt hatte.

„Hat Mr. Darwin nun recht oder nicht?" fragte sich Broca 1862 und setzte hinzu:

„Ich weiß es nicht, und ich kümmere mich nicht einmal darum, es zu wissen. Ich finde genügend Nahrung für meine Neugierde auf Dinge, die der Wissenschaft zugänglich sind. Wenn Mr. Darwin mir etwas über meine Trilobiten-Vorfahren [fossile Tiere] erzählt, fühle ich mich nicht erniedrigt, ich sage ihm nur: Wie können Sie das sagen? Sie waren nicht dort. Und diejenigen, die ihn zurückweisen, wissen nicht mehr als er."

Als im Jahr 1868 in der Nähe des Ortes Cro-Magnon in der Dordogne fünf Skelette von altsteinzeitlichen Menschen ausgegraben wurden, beschrieb Broca den Cro-Magnon-Menschen und dessen modernes Gehirn und räumte mit der Vorstellung von breiten Schädeln und Zwergen-Gehirnen auf.

Seit 1861 arbeitete der Professor für Pathologie und klinische Chirurg intensiv über die hirnanatomischen Veränderungen bei Aphasie. Im Frühjahr 1865 reiste er nach Südfrankreich, um sich zu erholen. Francis Schiller zufolge litt er unter einer Erkrankung der Herzkranzgefäße. Im Juni ging es ihm besser, doch sein Onkel Pierre war über seine Schlaflosigkeit trotz des Gebrauchs von Opium besorgt.

In den letzten Jahren erforschte Broca den Bau des Gehirns vergleichend an Säugetieren. Dabei wies er auf die Zunahme des Großhirns, insbesondere der Stirnlappen von Affen über Menschenaffen bis zum Menschen hin. In seinem Werk *Le Grand Lobe Limbique*, das 1879 erschien, lenkte Broca den Blick auf den Unterbau der beiden Gehirnhälften. Diesen Gehirnteil brachte er mit dem Geruchssinn und mit der inneren Umwelt des Organismus in engen Zusammenhang. Rund 60 Jahre später, 1937, schlug der Amerikaner James Papez mit dem *limbischen System*, das wesentlich auf Broca zurückging, eine Basis für Emotionen vor.

Im Februar 1880 wurde Broca als Senator auf Lebenszeit gewählt. Das letzte Foto zeigt einen schütter-weißhaarigen, früh gealterten Mann mit tiefen Gesichtsfurchen und Schatten um die Augen. In der Woche nach seinem 56. Geburtstag spürte er zuerst Schmerzen in der linken Schulter, am Tag darauf stechende Schmerzen in der Brust. Paul Broca starb am 8. Juli 1880.

Lange Zeit zog das Gehirn, das im Aussehen an den Kern einer Walnuß erinnerte oder auch an Eingeweide, nur wenige Forscher an. Niemand konnte so recht etwas mit der leicht verderblichen Masse anfangen. Daß das Gewebe aus 100 Milliarden Nervenzellen und einer Billion Gliazellen besteht, lag noch weit hinter dem Horizont. Die Frage nach möglichen Funktionen einzelner Gehirnregionen stellte sich noch nicht. Bis ins 19. Jahrhundert hinein galt die Lehrmeinung, das Gehirn sei wie die Seele unteilbar. Es sei stets als ein Ganzes aufzufassen und daher in seinen Funktionen nicht zerlegbar. Diese Ansicht erschütterte der populäre Franz-Joseph Gall mit seiner Lehre von den Hirnorganen, die gleichwohl heftig umstritten war. Paul Broca hielt einen schlagenden Beweis für eine Lokalisation einer Gehirnfunktion in Händen und verhalf der Lokalisationstheorie zum Durchbruch.

Einigen Anatomen waren bereits die Muster der Hirnwindungen bei verschiedenen Tierarten aufgefallen. Der Turiner Luigo Rolando hatte die Windungen und Furchen im Gehirn des Menschen systematisch beschrieben und benannt. Die große Mittelfurche, die den vorderen vom hinteren Teil einer Gehirnhälfte trennt, heißt nach ihm Rolando-Furche. Der Pariser Arzt Pierre Gratiolet brachte 1854 seinen Atlas *Die Gehirnfalten des Menschen und der Primaten* heraus. Gratiolet stellte sich wie Gall vor, daß die Gehirnfalten Kontakt mit den Fasern des Rückenmarks haben. Zudem war er überzeugt, das Gehirn tue mehr als denken.

Der Wiener Schädeldoktor Franz Joseph Gall glaubte, Menschen mit einem außerordentlichen Wortgedächtnis an hervortretenden Augäpfeln (Kuhaugen) zu erkennen. Stark entwickelte Stirnwindungen sollten während der Embryonalentwicklung dazu führen, daß sich die knöchernen Augenhöhlen flacher ausbildeten und sie die Augen stärker herausdrückten. Demnach lag das Gedächtnis für Wörter direkt über den beiden Augenhöhlen in den Stirnlappen. Viele Ärzte der Zeit brachten die Stirnlappen des Gehirns mit sprachlichen oder intellektuellen Fähigkeiten in Zusammenhang. So auch der Pariser Arzt Jean-Baptiste Bouillaud. In 35 Jahren, von 1825 bis 1860, sammelte er mehr als 100 klinische Fälle, mit denen er, ohne Widerspruch zu dulden, Galls Ansicht verteidigte. Seit eh und je galt die Stirn als edelster Teil des Kopfes, und bis heute steht eine hohe „Denkerstirn" im Ruf, einen Geistesmenschen auszuzeichnen. Dies mußte ebenso für die entsprechenden Gehirnregionen unter der Schädeldecke gelten. Daß die beiden großen Stirnlappen das menschliche Gehirn unter allen Gehirnen der Tiere auszeichnen, unterstrich erneut die exponierte Stellung des Stirnhirns.

Bouillaud zog aus seinen klinischen Beobachtungen den Schluß, es gebe ein intellektuelles Sprachvermögen, das Ideen mit Wörtern verknüpfte, und ein mechanisches Sprachvermögen, das die Motorik der Lautbildung koordinierte. Menschen konnten ihre Sprache bereits verlieren, wenn dieses zweite Vermögen gestört war, hingegen Intelligenz und Sprachverständnis intakt waren. Beide Vermögen – Bouillaud nannte sie interne und externe Sprache – lokalisierte er im Stirnhirn. Der Arzt versprach bereits im Jahr 1848 demjenigen 500 Francs, der ihm verletzte Stirnlappen bei einem Verstorbenen zeigte, der in seinem Leben nicht unter einer Sprachstörung gelitten hatte. Am 4. April 1861 gab es in der Société d'Anthropologie nach einem Vortrag von Pierre Gratiolet über den damals vermuteten Zusammenhang zwischen Gehirnvolumen und Intelligenz der Menschenrassen eine Diskussion über Lokalisation. Broca meinte, die Zeiten seien vorbei, in denen man ohne zu zögern sagen konnte, da die Seele unteilbar sei, müsse auch das Gehirn – ungeachtet seiner Anatomie – unteilbar sein. Und Ernest Auburtin argumentierte, wenn sich herausstelle, daß nur eine einzelne geistige Fähigkeit an einer bestimmten Stelle im Gehirn ihren Sitz habe, so sei die Theorie der Lokalisation erwiesen.

Seit jeher unterschied man einzelne Vermögen des Geistes oder mentale Funktionen. Der Streit entzündete sich an der Frage, ob die Vermögen sich im Gehirn lokalisieren ließen. Wäre dies der Fall, dann wären Geist und Seele zerlegbar, wie es schien. Auf der einen Seite standen also die Lokalisierer, die überzeugt waren, einzelne geistige Vermögen ließen sich eines Tages im Gehirn orten. Denen gegenüber standen Antilokalisierer, die jeden Versuch ablehnten, geistige Vermögen in einer physikalischen Struktur wie dem Gehirn zu orten. Für sie waren Introspektion und Reflexion der einzige Weg, das Wahre, Gute und Schöne zu erkennen. Die Neurologin und Medizinhistorikerin Anne Harrington wies darauf hin, daß die Frage der Gehirnlokalisationen eine ausgesprochen religiöse und sozialpolitische Dimension hatte. Die Lokalisierer waren meist auch gegen das alte Regime und die alte Ordnung, gegen die Todesstrafe, gegen den Papst, Leugner der Unsterblichkeit der Seele, Atheisten und Republikaner. Die Antilokalisierer waren demgegenüber Rechtfertiger der alten Ordnung, Monarchisten und Befürworter der Todesstrafe für Gotteslästerer. Viele Studenten und junge Mediziner vertraten die Lokalisationstheorie auch deshalb, weil sie für Fortschritt und Liberalität stand. Der Streit um die Frage, ob das Sprachvermögen im Gehirn geortet werden könne, verschärfte sich noch dadurch, daß Sprache und Denken den Menschen zum Menschen machten.

Als Broca im Jahr 1861 die Bühne dieses Streits betrat, stellte er zunächst mit Blick auf die Gehirnanatomie fest, daß ein strukturell differenziertes Organ nach einer allgemeinen Regel der Physiologie verschiedene Funktionen erfüllen müsse. Und weiter:

„Die edelsten Vermögen des Gehirns, jene, die das richtige Verstehen von Sprache konstituieren, das Urteilen, Reflektieren, das Vermögen des Vergleichens und Abstrahierens haben ihren Sitz in den frontalen Hirnwindungen, wohingegen die Windungen des Schläfen-Scheitel- und Hinterhauptlappens für Gefühle, Neigungen und Leidenschaften zuständig sind."

Jedoch schränkte er vorsichtig, wie es seine Art war, ein, „nichts erlaubt bislang eine Bestimmung der genauen Beziehung zwischen diesen verschiedenen Organen und verschiedenen Funktionen". Als sein Patient Leborgne verstorben war, fand Broca das motorische Sprachzentrum zwar im Stirnlappen, jedoch nicht ganz vorn, wo Gall sein Wortgedächtnis ansiedelte, sondern weiter hinten. Sein Befund stehe nicht im Einklang mit Galls „System der Beulen", jedoch mit einem System von Lokalisationen in Hirnwindungen. Nach Untersuchung des Gehirns von Lelong schien es Broca wahrscheinlich, daß eine intakte dritte Windung im Stirnlappen für das Artikulationsvermögen notwendig ist.

Im Jahr 1863 sprach Broca erneut vor der Société Anatomique. Im Hinblick auf einen verstorbenen Patienten, der unter Aphasie gelitten hatte, bei dem jedoch nicht der Stirnlappen, sondern die untere Windung im Scheitellappen verletzt war, warf Broca die Frage auf, ob das Hirnareal, das die Artikulation koordiniert, sich nicht vielleicht vom Stirnlappen in den Scheitellappen erstreckt. Aber all dies sei sehr hypothetisch, weitere Fakten blieben abzuwarten.

Ein weiterer Fall, den man gegen Broca anführte, brachte ihn zu einer wichtigen Erkenntnis. Im Gehirn eines Verstorbenen fand man eine Verletzung im vorderen Stirnlappen, ohne daß dieser Patient in seinem Leben eine Sprachstörung hatte. Dieses Mal war jedoch der Stirnlappen in der rechten Gehirnhälfte verletzt, in allen anderen bekannten Fällen von Aphasie der in der linken. Vorsichtig tastete sich Broca an eine neue Sichtweise heran, nämlich an die der funktionellen Asymmetrie der beiden Gehirnhälften.

„Wenn aber gezeigt würde, daß ein einzelnes, bestens bestimmbares Vermögen (...) nur durch eine Verletzung in der linken Hemisphäre beeinflußt werden kann, dann würde daraus notwendigerweise folgen, daß die beiden Gehirnhälften nicht dieselben Eigenschaften haben – eine ziemliche Revolution in der Physiologie der Nervenzentren. Ich muß sagen, daß ich mich nicht einfach darin ergeben könnte, eine solch subversive Konsequenz zu akzeptieren."

Broca beschloß, neue Ergebnisse abzuwarten. Im Jahr 1863 wurden rund 40 Fälle bekannt, die der Arzt Marc Dax in 25 Jahren gesammelt hatte, von Patienten, die „die Zeichen von Gedanken vergessen hatten". Dax war zu dem Schluß gekommen, man müsse in der linken Gehirnhälfte nach der Ursache suchen. Die statistischen Daten legten nahe, so Broca, daß die linke Gehirnhälfte für Sprache zuständig sei. Zwei Jahre später sprachen Bouillaud und Broca von der Dominanz einer Gehirnhälfte und brachten sie in Zusammenhang mit der Händigkeit. Der Anatom und Hirnforscher Pierre Gratiolet hatte beobachtet, daß die Windungen der linken Gehirnhälfte früher ausgebildet werden als die der rechten. Daher sollte das linke Gehirn einen Vorsprung vor dem rechten haben, früher die Sprache erwerben und zeitlebens dominant bleiben. (Nach gegenwärtigem Kenntnisstand ist allein die linke Gehirnhälfte bei 99 % der Rechtshänder und bei etwa 66 % der Linkshänder für die Sprache zuständig.)

Nach dem Tod einer rechtsseitig gelähmten Frau entdeckte Broca zum ersten Mal, daß die „Sprach-Windung" im linken Stirnlappen fehlte, ohne daß die Patientin in ihrem Leben eine Sprachstörung gehabt hätte. Broca hatte hierfür eine plausible Erklärung. Das Fehlen der Hirnwindung sei wahrscheinlich angeboren, weil die versorgende Arterie fehlte. Schon in frühester Kindheit habe die intakte rechte Gehirnhälfte die Dominanz über die linke erhalten sowie die Zuständigkeit für Sprache. Dazu paßte, daß die Frau Linkshänderin gewesen war.

Was aber war eigentlich „die lokomotorisch notwendige Fähigkeit, um Laute zu artikulieren", fragte man Broca. Das werde allmählich aufgrund von Erkenntnissen der Pathologie ersichtlich werden, meinte er und fügte hinzu: „Es scheint mir wahrscheinlich, daß diese Patienten (mit Aphasie) eine besondere Art von Gedächtnis verloren haben, aber ich kann keineswegs zugestehen, daß dies das Gedächtnis für Wörter ist."

Im Jahr 1865 führte Professor Armand Trousseau von der Clinique Médicale de l'Hôtel-Dieu den allgemeinen Begriff *Aphasie* ein, der sich schnell durchsetzte. *Broca-Aphasie* wurde ein fester Begriff. Im August 1868 sprach Broca auf dem Kongreß der British Association for the Advancement of Science in Norwich über Aphasie. Der Autor des Editorials der englischen medizinischen Zeitschrift *Lancet* pointierte einen Broca-Aphasiker als einen „Menschen, dessen Gehirn denken und dessen Zunge reden kann, aber ohne die Fähigkeit, Denken und Zungenbewegungen übereinstimmen zu lassen".

Brocas Entdeckung brachte den Psychiater Eduard Hitzig im Jahr 1870 auf die Idee zu einem Experiment. Er und der Anatom Gustav Fritsch legten im Schlafzimmer seiner Berliner Wohnung das Gehirn eines Hundes frei. Dann tasteten sie mit bipolaren Platinelektroden, die durch ein Stück Kork gesteckt waren, die Hirnrinde des Tieres ab. Die Reizung bestimmter Punkte im linken oder rechten Gehirn rief in der entgegengesetzten Körperseite Muskelantworten der Vorderpfoten, Hinterpfoten, des Gesichts und Halses hervor, obwohl die Hirnrinde seit den Experimenten des französischen Forschers Jean-Pierre Marie Flourens als unerregbar galt. Ein Teil der vorderen Gehirnhälfte erwies sich als motorisch, der hintere Teil als nicht motorisch. Als sie die präzentrale Stirnwindung reizten, zuckten Gesichtsmuskeln, Zunge, Lippen oder Kehle. Demnach konnte es auch gut ein lokalisierbares motorisches Sprachzentrum geben, wie es Broca behauptete.

Im Jahr 1874 beschrieb der Beslauer Arzt Carl Wernicke zum ersten Mal eine sensorische Aphasie (Wernicke-Aphasie) und ein sensorisches Sprachzentrum in der hinteren ersten Windung des Schläfenlappens. Patienten, die unter der Wernicke-Aphasie leiden, können zwar Wörter artikulieren, doch entweder würfeln sie sie zu einem sinnlosen Wortsalat zusammen oder sie brabbeln bedeutungslose Silben. Bei ihnen ist die „innere Sprache" gestört. Wernicke zufolge enthält das sensorische Sprachzentrum sogenannte Klangbilder der Sprache, d.h. Erinnerungsbilder der gehörten Sprache.

Aus heutiger Sicht lassen sich die hochgradig miteinander vernetzten und dynamischen Aktivitäten von Nervenzellgruppen im Gehirn, die sprachlichen Leistungen zugrunde liegen, nicht allein an Brocas und Wernickes Areal festmachen. Das Sprachvermögen läßt sich nicht streng einer begrenzten Region zuschreiben. Spricht man Wörter aus, arbeiten mehrere Gehirnregionen parallel zusammen, ebenso wie wenn man Wörter nur hört. Immer wieder entgleitet die Ortung eines einzelnen Sprachzentrums den Forschern. So behauptete David Corina an der Universität Washington im Jahr 1998, es gebe kein eigenes Sprachorgan im Gehirn, vielmehr werde die Sprache im gesamten Netzwerk Gehirn verarbeitet und produziert. Zugleich resultiert Aphasie jedoch aus einer teilweisen und nicht notwendig allgemeinen Verletzung des Gehirns, und Brocas Zentrum spielt eine entscheidende Rolle beim Sprechen. So führten chirurgische Entfernungen des Broca-Areals in Fällen ihrer Erkrankung zu Aphasie, selbst dann, wenn der Patient nicht bereits vor der Operation an Aphasie litt. Der kanadische Neurochirurg Wilder Penfield schließlich reizte in Wach-Operationen Punkte der

Hirnrinde von Patienten mit Elektroden. Stimulierte er Nervenzellen in Brocas oder in Wernickes Areal, war das Sprachvermögen der Patienten vorübergehend gestört. „Broca's aphasia has come to stay", resümierte ein Wissenschaftler fünfzig Jahre nach Broca. Ebenso erhalten haben sich Brocas Zweifel an einer strengen Lokalisierbarkeit von Hirnfunktionen.

„... ich bin nur ein Tollhaus-Theoretiker."

John Hughlings Jackson (1835 – 1911)

„Monsieur Broca in Norwich
Eine sehr interessante Diskussion über Aphasie wird voraussichtlich auf dem Treffen der British Association in Norwich stattfinden. M. Broca wird anwesend sein, dessen anatomische Forschungen im Zusammenhang mit Aphasie viel beigetragen haben, das schwierige Thema zu klären, und zweifellos in der Diskussion über Dr. Hughlings Jackson's Papier zum selben Thema das Wort ergreifen. Es ist keine kleine Attraktion der Tagung, daß Besucher die Gelegenheit haben werden, die besten englischen und französischen Ansichten über die Pathologie dieser bemerkenswerten Erkrankung unmittelbar zu vergleichen."

So warb das angesehene medizinische Fachblatt *Lancet* am 25. Juli 1868. Die beiden nationalen Granden der Aphasie-Forschung, der Franzose Paul Broca und der Engländer John Hughlings Jackson, sollten bei der Tagung zusammentreffen.

In seiner Begrüßungsansprache verweist Reverend M. J. Berkeley von der *British Association for the Advancement of Science* auf die überall heftig debattierte Abstammungs-Theorie seines Landsmannes Charles Darwin, bevor er zum Thema überleitet. Anschließend tritt der Arzt und Psychiater John Hughlings Jackson ans Rednerpult, um „Die Physiologie der Sprache" zu erklären. Beide Gehirnhälften werden in der Entwicklung des Menschen ausgebildet, führt er aus, die linke Hälfte sei gewöhnlich die dominante. In diesem Punkt stimme er mit den französischen Forschern überein. Er habe wie diese lange Zeit vermutet, daß es neben einem Gehirnteil für Wörter einen motorischen Teil gebe, der die Lautbildung veranlasse. Demnach wäre Brocas Windung eine Art Kleinhirn für die Artikulation. Jedoch, fährt er fort:

„Es war schwer zu sagen, wo motorische Symptome offensichtlich endeten und geistige begannen, nicht nur schwer, sondern unmöglich (...). Ich glaube jetzt, daß die Unterschiede nur Unterschiede des Grades der Zusammensetzung sind."

Nach seinen Studien komme er zu dem Ergebnis, daß eine geistige und eine motorische Sprachregion nicht getrennt existieren. Er selbst unterscheide eine willkürliche, intellektuelle Sprache in der linken Gehirnhälfte von einer automatischen, emotionalen Sprache in der rechten Hälfte. Bei halbseitiger Lähmung mit Sprachverlust sei meist die willkürliche, intellektuelle Sprache in der linken Hemisphäre gestört. Letztlich aber, schließt Jackson, lokalisieren wir nicht die Sprache, sondern den Schaden, der einem Menschen die Sprachfähigkeit raubt. Sprache finde im ganzen Gehirn statt, sie lasse sich an keinem Ort der Hirnrinde lokalisieren.

Anschließend trägt der französische Stargast Paul Broca seine bereits in früheren Jahren geäußerten Ansichten vor. In einer Zeichnung und an einem Gipsabdruck vom Gehirn zeigt er, wo genau nach seinen Befunden die motorische Sprachregion liegt: in der linken dritten Stirnwindung. Wir sprechen mit der linken Gehirnhälfte, davon ist Broca überzeugt. Es müsse einen Mechanismus geben, der die Sprache wie auch andere Produkte der Erziehung gleichsam in die linke Gehirnhälfte dirigiert. Es folgt ein dritter Vortrag, und danach entwickelt sich eine „höchst interessante und lebhafte Diskussion" über die unterschiedlichen Ansichten, doch *Lancet* erwähnt in ihrer Septemberausgabe weder eine direkte Reaktion Brocas auf Jackson noch ein Wort Jacksons an Broca. Eine Debatte der beiden findet nicht statt, es sei denn abseits auf dem Flur. Vielleicht liegt es daran, daß Broca inzwischen sein Interesse von der Aphasie auf die Anthropologie verlegt hat. Jackson hingegen verfolgt die Spur der klinischen Erkenntnisse über Aphasie weiter und nimmt die neue Spur der Epilepsie auf. Der philosophische Mediziner und medizinische Philosoph ersinnt Modelle über den Aufbau des zentralen Nervensystems und über die Unterschiede der beiden Gehirnhälften. Am Ende wagt er sogar einen Versuch über das Auftauchen des Bewußtseins.

John Hughlings Jackson wurde am 4. April 1835 in Green Hammerton (Yorkshire) als fünftes und letztes Kind von Sarah und Samuel

John Hughlings Jackson, nach einem Gemälde von Lance Calkin, um 1894

Jackson geboren. Er führte als einziges Kind auch den Geburtsnamen der Mutter, Hughlings. Bereits 14 Monate später starb seine Mutter. Es ist nicht bekannt, wer sich um die Kinder kümmerte, vielleicht ein Kindermädchen. Der Vater, ein Brauer, blieb Witwer. Mit 15 Jahren ging John Hughlings Jackson bei einem praktischen Arzt in York in die 5jährige Lehre mit freier Kost und Logis. Medikamente mischen, Pillen drehen und Salben machen gehörten ebenso zu seinen Aufgaben wie Assistieren beim Schneiden und Ausbrennen oder bei der Geburtshilfe. Ab 1852 besuchte er die Medizinische Schule in York. Unter seinen Lehrern war Thomas Laycock, der bereits Reflexe des Gehirns annahm und später an der Universität Edinburgh lehrte.

Jackson „hatte einen philosophischen Weg des Denkens entwickelt", schrieb sein Biograph Macdonald Critchley, „und das könnte der Grund für ihn gewesen sein, 1859 York zu verlassen, um in London zu wohnen." Er zog bei Dr. Jonathan Hutchinson ein, der wie er aus Yorkshire stammte und bei einem Arzt in York gelernt hatte. In der ersten Zeit in London dachte Jackson ernsthaft darüber nach, sein Fach zu wechseln und Philosophie zu studieren. Doch der um 7 Jahre ältere Hutchinson redete ihm den Gedanken an eine solche Karriere aus und schlug ihm stattdessen vor, philosophisches Denken in der Medizin anzuwenden. Hutchinson und Jackson wurden enge, lebenslange Freunde. Als Hutchinson nach seiner Ausbildung für ein paar Jahre hauptsächlich vom Medizinjournalismus lebte, führte er seinen Freund an dieses Geschäft heran. Beide arbeiteten eine Zeitlang als Medizinreporter für *The Medical Times and Gazette*. Auf medizinischen Tagungen traf Jackson auch mit Dr. Charles Edouard Brown-Séquard zusammen, einem der besten Neurologen seiner Zeit, der ihm riet, sich auf die Erforschung des Nervensystems zu konzentrieren.

Wink des Schicksals oder nicht – eines Morgens bemerkte Jackson, daß eine Seite seines Gesichts gelähmt war. Ein Fall von Bell-Lähmung, benannt nach dem Londoner Chirurgen Sir Charles Bell. Die persönliche Erfahrung einer Nervenverletzung, so die Autoren Bailey und Bishop, habe Jackson endgültig zum Studium des Nervensystems geführt.

Im Jahr 1859 wurde Jackson als Assistent in das kleine Metropolitan Free Hospital aufgenommen. Im selben Jahr wurde er Dozent für Pathologie im London Hospital. Als 1860 im Londoner Bezirk Bloomsbury ein kleines Krankenhaus speziell für Gelähmte und Epileptiker eröffnet wurde, sollte dies der klinischen Neurologie über die Schwelle helfen. Das Krankenhaus wurde später als National Hospital international bekannt. Jackson begann dort 1862 als Assistenzarzt. Zwei Monate später quittierte er den Dienst wegen Überlastung, da er neben seinem Krankenhausdienst Patienten zu Haus versorgen mußte. Er verlor sein Jahresgehalt von 50 Pfund, behielt aber seine Anstellung am National Hospital. Als klinischer Assistent am Royal London Ophthalmic Hospital (Moorfields) gehörte Jackson zu den ersten Ärzten, die den

Augenspiegel (Ophthalmoskop) einsetzten, den Hermann von Helmholtz 1851 erfunden hatte. 1863 arbeitete Jackson am London Hospital und ab 1867 am National Hospital für Gelähmte und Epileptiker, dem er zeitlebens eng verbunden blieb. In der Zeit von 1874 bis 1894 war Jackson wieder am London Hospital. Im Alter von 43 Jahren wurde er Mitglied der ehrwürdigen Royal Society.

Jackson gehörte zu den Herausgebern und Autoren der Fachzeitschrift *Brain*, die erstmals im April 1878 erschien und später offizielles Organ der Neurological Society wurde. Sein Schreibstil war berühmt-berüchtigt und galt als schwer verständlich. Dr. Thomas Buzzard, ein Kollege, der mit ihm darüber sprach, meinte, Jackson halte an seiner Behauptung fest, beim Schreiben über wissenschaftliche Themen werde die Wahrheit oft der Eleganz des Ausdrucks geopfert. Manchmal fand Jackson pointierte Formulierungen wie „das Gehirn ist das Nervensystem des Nervensystems" oder „geschriebene Wörter sind Symbole von Symbolen".

Ab 1861 arbeitete Jackson über Epilepsie, die damals noch als eine soziale Störung galt. Nach Jacksons allgemeiner Definition umfaßte Epilepsie „gelegentliche, plötzliche, exzessive, rapide und lokale Entladungen der grauen Substanz", d.h. der Nervenzellen des Gehirns. Da jeder Teil des Gehirns instabil sein könne, gebe es ganz unterschiedliche Epilepsien je nach Lage, Ausdehnung und Grad eines Instabilitäts-Herdes. Jackson beschrieb die fokussierte Epilepsie, die der berühmte französische Arzt Charcot partielle oder Jacksonsche Epilepsie nannte. Bei einem Anfall von Jackson-Epilepsie breiten sich die Symptome nach einem festen, unveränderlichen Muster aus und bleiben auf einen Teil des Körpers beschränkt. Somit wies Jackson bereits zwischen 1861 und 1863 eine Lokalisation im Gehirn nach, bevor Hitzig und Ferrier ihre Experimente machten.

Jackson war bescheiden, zurückhaltend und scheu. Wann immer er konnte, mied er Versammlungen, Tagungen, gesellschaftliche Veranstaltungen. Er fürchtete physische Anstrengungen und war bei wissenschaftlichen Veranstaltungen außerstande, lange aufmerksam zu bleiben. Macdonald und Eileen Critchley beschrieben ihn als humorvoll und geistreich. Einen Kurs beendete er einmal mit der Bemerkung, man dürfe ihn nicht zu ernst nehmen, er sei nur ein Tollhaus-Theoretiker. Ein anderes Mal verglich er einen Psychologen, der bedenkenlos einen freien Willen unterstelle, mit jemandem, der, um einen Ring herzustellen, zuerst ein Loch nehme und anschließend das Material außen herum anordne. „Es gibt solch eine Abstraktion wie ein rundes Loch ebenso wenig wie ein Wollen, das über einer Person steht, die etwas tut oder etwas beabsichtigt."

Jacksons Namensgedächtnis war so schlecht, daß er Patienten mit „der Mann da hinter der Tür" oder „die Frau mit dem Hammerzeh" ansprach. Manchmal vergaß er auch seine eigene Ansicht zu einem gegebenen Thema und verwies dann auf seinen Artikel in der Oktober-Ausgabe der *Medical Times*. Zudem war er bekannt für seine Geistesabwesenheit. Einmal auf einer Dinner Party, berichtete Critchley, zog er ein Taschentuch hervor, um sich die Nase zu putzen, da fiel ein gutes Stück Hirngewebe auf den Tisch. Der Psychiater Sir George Savage meinte, Jackson habe sich vor verwirrten Patienten gefürchtet, da er selbst Ordnung dringend nötig hatte.

Jackson heiratete am 25. Juli 1865 seine Cousine Elizabeth Dade Jackson. Sie lebten zusammen in London bis Elizabeth 11 Jahre später starb. Von dem Verlust seiner Frau hat er sich zeitlebens nicht erholt. Er führte ein halbklösterliches Leben. Niemand durfte am Tisch ihren alten Platz einnehmen. Den merkwürdigen Ablauf seiner fast täglichen Besuche bei Mr. und Mrs. Buzzard schilderte Critchley:

> „Jacksons Verhalten, wenn er sie besuchte, war kaum konventionell. Was Geselligkeit betraf, war er höchst schüchtern und vollkommen verlegen bei einer nur wenig überschwenglichen oder herzlichen Umgangsform. Die Familie Buzzard hielt zur Mittagszeit stets einen Platz für ihn am Tisch bereit. Jackson konnte kommen oder nicht, niemals kündigte er seine Ankunft an. Er betrat unscheinbar den Raum und schlüpfte still auf seinen Platz. Niemand erhob sich; er zog einen Stuhl zum Tisch hin, wechselte ein paar Bemerkungen oder erzählte eine humorvolle Geschichte, bei der nur ein Augenzwinkern die Ernsthaftigkeit seiner Gesichtszüge störte, und nach fünf, vielleicht zehn Minuten murmelte er etwas von einer Verpflichtung, die ihm einfalle, und verließ den Raum."

Jackson, der in seiner Jugend wenig formale Bildung genossen hatte, holte sie auch in seinem späteren Leben nicht nach. Er begnügte sich mit Tagesnachrichten und las Thriller und Groschenromane. Seine politische Gesinnung war konservativ, seine religiösen Gefühle waren seit seiner Jugend erloschen, er glaubte nicht an ein persönliches Weiterleben nach dem Tod. Im Jahr 1895 schied er aus dem ärztlichen Dienst am London Hospital aus. Am 7. Oktober 1911 erlag John Hughlings Jackson einer Lungenentzündung.

Tritt eine halbseitige Lähmung zusammen mit Sprachverlust auf, einem teilweise geistigen Defekt, dann hat offenbar eine Verletzung im Gehirn zu beiden Ausfällen geführt. Auf welche Weise, fragte Jackson, konnte eine Zerstörung von Hirngewebe einen geistigen Defekt hervorrufen? Wenn dies möglich war, ließ sich dann nicht doch eine geistige Funktion im Gehirn lokalisieren? Grundsätzlich jedoch war Jackson war überzeugt, daß der deutsche Philosoph Immanuel Kant Recht hatte, der gesagt hatte:

> „Nun kann die Seele sich nur durch den inneren Sinn, den Körper aber (es sey inwendig oder äußerlich) nur durch äußere Sinne wahrnehmen, mithin sich selbst schlechterdings keinen Ort bestimmen, weil sie sich zu diesem Behuf zum Gegenstand ihrer eigenen äußeren Anschauung machen und sich außer sich selbst versetzen müßte; welches sich widerspricht."

Mit anderen Worten: Die Seele läßt sich nur durch sich selbst wahrnehmen. Ich-Bewußtsein und Ich-Erleben können grundsätzlich nicht von außen angeschaut werden. Die äußeren Sinne sind blind für die Seele und können ihr nichts über sie vermitteln. Nach Kant eine Sackgasse. In den Hirnorganen ließen sich seiner Ansicht nach Körperbewegungen und -empfindungen lokalisieren, nicht aber die geistige Seele.

Wenn Sprachverlust mit halbseitiger Lähmung gekoppelt war, meinte Jackson, dann handele es sich bei beiden Ausfällen um motorische Störungen. An dieser Stelle tat er einen bedeutenden Schritt: Er vermutete, daß auch die Hirnrinde wenigstens teilweise wie ein Reflex-Apparat funktionierte. Damit war das edelste Zentrum des Menschen nicht allein dem Denken und Geist vorbehalten, sondern erfüllte auch sensorisch-motorische Aufgaben.

Jackson nahm die Reflex-Theorie über auslösbare Verhaltensabläufe und die Evolutions-Philosophie von Herbert Spencer und konstruierte daraus seine Theorie der hierarchisch angeordneten Zentren des Nervensystems. Spencers Grundgedanke war, daß die physische Welt wie die geistige einer Evolution nach gemeinsamen Evolutionsgesetzen unterlag. „Spencersche Ideen liefen wie ein Band durch Jacksons Schrifttum", so Macdonald Critchley, „und wurden detailliert in seinen Croon-Vorlesungen (der Royal Society) 1884 diskutiert."

Gemäß dem Evolutionsgedanken Spencers glaubte Jackson, das Nervensystem habe sich auf drei verschiedenen Stufen entwickelt. Auf der untersten Stufe entstand das Rückenmark, auf der mittleren bildeten sich die motorischen und sensorischen Ganglien und auf der dritten Stufe die höchsten motorischen und sensorischen Zentren der Großhirnrinde. Die Zentren im Rückenmark waren die stammesgeschichtlich ältesten. Sie funktionierten als vollkommene Reflexapparate, d. h. automatisch. Die höchsten Zentren in der Hirnrinde dagegen, die entwicklungsgeschichtlich jüngsten, arbeiteten am wenigsten automatisch und zu einem großen Teil willkürlich. Die höchsten Zentren kontrollierten die niedrigen in gewissen Grenzen, so Jackson, seien aber auch am anfälligsten für Störungen. Im Falle von Störungen der höchsten Zentren sollten sich willkürliche Funktionen auflösen und automatische Funktionen verstärkt zum Vorschein treten. Jackson zufolge kamen Aphasie, Lähmungen, Geisteskrankheiten, aber auch der Traum und der hypnotische Zustand durch ein Rückschreiten (Regression) vom Willkürlichen zum Automatischen zustande.

Jackson kam zu einer anderen Auffassung von Lokalisation als seine französischen Kollegen. Wenn Pariser Neurologen Gehirnregionen verschiedenen Körperteilen oder Muskeln zuwiesen, dann übersehe dies, daß unterschiedliche Regionen im Gehirn „zusammenarbeiteten". Jackson war überzeugt, nicht einzelne Muskeln seien in Gehirnzentren repräsentiert, sondern Bewegungen. Konnte zum Beispiel eine Muskelgruppe 10 verschiedene Bewegungen ausführen, dann repräsentierte das entsprechende Zentrum 10 unterschiedliche Bewegungen. War das Zentrum verletzt und ein Bewegungsbild verlorengegangen, dann trat ein anderes, verwandtes Bewegungsbild an seine Stelle.

Bei einer halbseitigen Lähmung sind nicht alle Muskeln der betroffenen Körperseite gleichermaßen stillgelegt. Im Jahr 1866 entdeckte der Neurologe William Broadbent, daß die gelähmten Muskeln einseitig innerviert waren, d. h. von der gegenseitigen Gehirnhälfte. Die Muskeln, die die Lähmung aussparte, waren dagegen zweiseitig innerviert. Sie funktionierten noch, weil sie sich bereits durch eine Gehirnhälfte erregen ließen. Eine halbseitige Lähmung verhinderte also anscheinend Willkürbewegungen. Sollte dies nicht auch für den Sprachverlust gelten?

Eine interne Sprache, das Denken in Wörtern, und eine externe Sprache, das Artikulieren, wie sie die französischen Forscher unterschieden, waren für Jackson zwei Seiten einer Medaille. Bei einem Broca-Aphasiker sei nicht nur die Artikulation gestört, sondern immer auch die interne Sprache. Er könne sich auch schriftlich nicht ausdrücken, „er kann sich selbst nichts sagen, und deshalb hat er nichts zu schreiben", meinte Jackson, der nicht zwischen interner und externer Sprache unterschied.

Jackson gelangte zu der Vorstellung, eine halbseitige Lähmung störe die willkürliche Sprache. Daneben gebe es eine automatische Sprache, die eng mit Emotionen verknüpft sei. Auch Broca hatte wie viele andere beobachtet, daß Aphasiker noch fluchen, etwas ausrufen oder sonstwie Gebrauch von einer anscheinend unwillkürlichen Sprache machen konnten.

Jackson war nicht der Erste, der auf eine automatische, emotionale Sprache schloß. Herder schrieb 1772 seine *Abhandlung ueber den Ursprung der Sprache*. Darin stellte er fest, daß die verschiedenen Ausrufe, die Menschen gebrauchen, um verschiedene Gefühle auszudrücken, Überbleibsel einer niedrigen, natürlichen Sprache seien, die wir mit den Tieren teilen. Solche Artikulationen seien nicht mit der echten Sprache zu verwechseln, die untrennbar mit der menschlichen Vernunft verbunden sei.

Der automatische, unwillkürliche, emotionale Sprachgebrauch war nach Jackson eine zweiseitige Aktivität des Gehirns, die bei einer Verletzung einer Hirnhälfte weiterhin funktionierte. Dagegen war der willkürliche und im hohen Maße erlernte Sprachgebrauch eine einseitige Aktivität der linken Hemisphäre, die bei einer entsprechenden Verletzung ausfiel. Das bedeutete auch, daß die für das Sprechen notwendigen Muskeln stets aus beiden Hirnhälften inner-viert waren. In seinem Vortrag vor der British Association for the Advancement of Science 1868 ordnete Jackson die unwillkürliche, emotionale Sprache unter die angeborenen Bewegungen und die willkürliche, intellektuelle Sprache unter die speziellen, erlernten Bewegungen.

Für Jackson war auch klar, daß das *Sprachverständnis* eines Broca-

Aphasikers nicht gestört war. Er verstehe alles, was wir sagen. Beide Hemisphären verfügten über ein Sprachverständnis. Jedoch werde sich nur die linke Hälfte dieses Verstehens „in Worten bewußt". Jackson meinte damit, nur die linke Hälfte habe einen Zugriff auf ein Wortgedächtnis.

Im Zusammenhang mit sprachlichen Gehirnfunktionen näherte sich Jackson einer Vorstellung vom Auftauchen des Geistigen, in den Worten von Anne Harrington:

> „Kurzgesagt, das Geistigwerden [mentation] war ein dualer Prozeß, der zwischen den beiden Hemisphären des Gehirns ausgespielt wurde. Während des ersten, automatischen Stadiums wurden Wörter und Bilder nach dem assoziativen Gesetz der Ähnlichkeit wiederbelebt. Darauf folgte ein unbewußter, physiologischer Kampf um das ‚Überleben der fittesten' Wörter und Bilder. Das Ende dieser automatischen, vorbereitenden Phase stellte den Anfang des Gedankens in seinem willkürlichen Aspekt dar, als Wörter und Bilder, die im Sinne von Spencer und Darwin ausgelesen waren. Sie arrangierten sich in ‚propositionaler Ordnung' und quollen, wie aus dem Nirgendwo, in die bewußten Regionen des Gehirns."

Für Jackson waren verbale und bildliche Prozesse an der Entstehung des Geistigen beteiligt. Beide bestanden wiederum jeweils aus einem automatischen, unbewußten und einem willkürlichen, bewußten Stadium. Da Erkenntnisprozesse (kognitive Prozesse) ein rasches Wechselspiel zwischen Wörtern und Bildern erfordern, ein rhythmisches Geben und Nehmen, sollte dies zu einer Zusammenarbeit der beiden Gehirnhälften auf vier Straßen (zwei hin, zwei zurück) führen. Überdies unterschied Jackson das Subjekt des Bewußtseins, das Ich, vom Objekt des Bewußtseins, dem Bewußtseinsinhalt. Er gelangte zum Ergebnis, daß die rechte Hirnhälfte, die sensorisch höher entwickelte, die passivere, subjektive Seite war, wohingegen die linke Hemisphäre, ausgebildet für motorische Handlungen und Willkürvorgänge, die aktive und objektive Seite des Gehirns darstellte.

Willkürliche Aktionen waren also durch Bewußtsein repräsentiert. Mit anderen Worten: Eine Handlung ließ sich dann als willkürliche beurteilen, wenn sie von Bewußtsein begleitet war. Umgekehrt war er überzeugt, „je mehr Operationen automatisch ablaufen, um so weniger sind wir ihrer bewußt". Die höchsten Zentren waren „anatomische Substrate des Bewußtseins" oder die „physische Basis des Geistes".

Bestimmte nervenphysiologische Vorgänge sollten zusammen mit Bewußtseinszuständen auftreten. Dabei liefen physische und mentale Vorgänge nebeneinander her, ohne in Wechselwirkung zu treten. „Ich bin nicht in der Lage, die metaphysischen Fragen über die Natur der Beziehung zwischen Geist und Nervenaktivitäten zu diskutieren", bekannte er und fuhr fort:

„Es gibt drei Lehrsätze, (1) daß der Geist durch das Nervensystem agiert (an erster Stelle durch seine höchsten Zentren); hier soll etwas Immaterielles physikalische Wirkungen hervorbringen, (2) daß Aktivitäten der höchsten Zentren und Bewußtseinszustände ein und dasselbe Ding sind oder zwei Seiten ein und desselben. Eine dritte Doktrin (3), die ich angenommen habe, besagt, daß (a) Bewußtseinszustände (oder synonym Geisteszustände) durchaus verschieden von nervösen Zuständen der höchsten Zentren sind; (b) beide treten zusammen auf, so daß es für jeden mentalen Zustand einen dazugehörigen nervösen Zustand gibt; (c) obwohl beide parallel auftreten, gibt es keine Wechselwirkung zwischen ihnen. Daher sagen wir nicht, daß physikalische Zustände Funktionen des Gehirns (der höchsten Zentren) sind, sondern einfach, daß sie auftreten, während das Gehirn arbeitet. Im Falle der visuellen Wahrnehmung gibt es also, wenn ich den Prozeß willkürlich vereinfache, einen ungebrochenen physikalischen Kreislauf, eine vollständige Reflexaktion, von der sensorischen Peripherie letztlich durch die höchsten Zentren zurück zur muskulären Peripherie. Das visuelle Bild, ein reiner Geisteszustand, tritt parallel mit den Aktivitäten der zwei höchsten Glieder der rein physikalischen Kette auf (der sensorisch-motorischen Elemente der höchsten Zentren), und entsteht während dieser (nicht aus ihnen), so daß es sozusagen außerhalb dieser Glieder steht."

Dieses Leib-Seele-Verhältnis nannte Jackson *concomitance* (deutsch: Gemeinschaft, begleitender Umstand). Es wird als *psychophysischer Parallelismus* bezeichnet. In seinen Croon-Vorlesungen sagte Jackson, jeder mentale Zustand sei mit einem nervösen Zustand verbunden, doch während beide parallel auftreten, treten sie in keinerlei Wechselwirkung. 19 Jahre später ersetzte er das Geistige durch das Psychische. In einem früheren Aufsatz merkte er an: „Ich streiche das Wort „mental" durch, da wir das Psychische vom Physischen unterscheiden müssen. Psychische Zustände können die nervösen Aktitvitäten der höchsten Gehirnzentren begleiten, die zu den sogenannten automatischen Handlungen führen. J. H. J."

Was man gemeinhin Seele oder Geist nannte, waren nach Jackson jeweils psychische Zustände, die zeitgleich mit einigen, nicht allen, nervösen Prozessen auftraten.

> „Man kann sagen, eine Emotion bewirkt, daß das Herz mit einer abnormen Rate schlägt. Doch diese Hypothese, daß ein seelischer Zustand einen physikalischen Effekt produziert, ist unhaltbar. Sie ist nicht einmal eine gute materialistische Sicht der Dinge. Die gründliche materialistische Feststellung wäre, daß ein Vorgang, der zugleich beides ist, nervös und psychisch, die erwähnte Manifestation produziert. Während ich die Hypothese eines rohen Materialismus zurückweise, gebe ich zu bedenken, daß die physikalische Basis für einen psychischen Zustand, für eine Emotion, ein nervöses Arrangement der höchsten Zentren ist."

Für den Darwinisten Thomas Huxley dagegen waren Bewußtseinsereignisse schlichte Nebenprodukte der körperlichen Arbeit, ähnlich wie die Pfeiftöne einer Dampflokomotive. Bewußtseinserlebnisse zeigten wohl einiges von dem an, was im Gehirn ablief, wirkten aber ebenso wenig auf den Organismus ein wie das Pfeifen auf die Lok. Das Bewußtsein war eine reine Begleiterscheinung, ein *Epiphänomen*. Selbst den Willen hielt Huxley nicht für die Ursache physikalischer Prozesse, vielmehr für eine Emotion, die physikalische Änderungen widerspiegelte. Herbert Spencer hingegen sah in Emotionen mehr als unerhebliche Nebenprodukte des Körpers:

> „(...) wenn Gefühle keine Faktoren sind und angemessene Aktionen automatisch ohne sie ausgeführt werden könnten, dann muß als übernatürliche Hypothese angenommen werden, daß Gefühle bei Tieren keinen Zweck erfüllen, und als natürliche Hypothese muß vermutet werden, daß sie entstanden sind, ohne etwas zu tun."

Jackson bestand darauf, daß mit jedem Prozeß des Geistig- oder Psychischwerdens Nervenaktivitäten der höchsten Zentren korrespondieren. „Das Bewußtsein", sagte er, „ist keine unveränderliche, unabhängige Ganzheit." Es tauche während der Aktivität *einiger* der höchsten nervlichen Arrangements auf.

> „Das Bewußtsein ist eine sich ändernde Quantität – d. h., wir sind von Moment zu Moment anders bewußt, wir ändern fortlaufend die Korrespondenz mit unserer Umwelt. (...) wir nehmen nicht wirklich an, daß es einen festen Sitz des Bewußtseins gibt. Wenn der Ausdruck erlaubt ist, sollten wir von mehreren höchsten Nervenarrangements sprechen."

Es gebe keine dauerhaften Nervenarrangements, die auf bestimmte Ideen antworten; es gebe sie nur jeweils in dem Augenblick, wenn die Ideen aktuell seien. In der übrigen Zeit hielten Zellen und Fasern einen Nerventonus aufrecht, und nur, wenn das gespannte Gleichgewicht gebrochen werde, existierten diese Nervenarrangements blitzartig für eine kurze Zeit.

Jeder von uns besitze seine private Wahrnehmungswelt mit ihrer ihr eigenen Realität. John Hughlings Jackson richtete den Fokus auf Hirnzentren, die zusammen mit psychischen Zuständen aktiv sind. Damit kam er bereits einer modernen Auffassung der Neurowissenschaftler nahe: Illusionen und Halluzinationen psychisch Kranker sind ebenso Hirnprodukte wie Träume, Wahrnehmungen und Erfahrungen psychisch Gesunder.

„Es ist mir, wenn mich nicht alles täuscht, gelungen, jenen hundertjährigen Traum der Physiker und Physiologen von der Einerleiheit des Nervenwesens und Elektrizität (...) zu lebensvoller Wirklichkeit zu erwecken."

Emil du Bois-Reymond (1818 – 1896)

Im Frühjahr 1841 gibt in Berlin der Medizinprofessor Johannes Müller einem Studenten das Buch eines italienischen Physikers: Carlo Matteuccis Versuche über den „Froschstrom". Der Student soll die Experimente wiederholen, prüfen und fortführen. Voller Selbstbewußtsein schreibt der Student an einen Freund, daß

„er [Müller] meinte, die Aufgabe sei für mich, ich für die Aufgabe geschaffen (...). Augenscheinlich haben Alle, welche diesen Gegenstand untersuchten, den alten Humboldt vielleicht ausgenommen, der aber die Sache längst aus den Augen verloren hatte, als der Elektromagnetismus und die Induktion entdeckt wurden, bald nichts von Physik, bald nichts von Physiologie verstanden und so ist es gekommen, daß noch keiner die Sache von dem Standpunkt hat auffassen können, von dem ich sie gleich ergriff (...). Außer einem sehr empfindlichen Galvanometer, dessen Bau mich diese Woche beschäftigen soll, steht mir alles Material reichlich zu Gebot."

Aber so einfach geht es nicht. Der Bau des Meßinstruments, eines Galvanometers, teils von eigener Hand, teils mit fremder Hilfe, nimmt den ersten Sommer in Anspruch. Das Prinzip des Galvanometers, der aus einem von vielen Drahtwindungen umgebenen Paar Magnetnadeln besteht, beruht auf einer Entdeckung eines dänischen Physikers. Hans Christian Ørsted fand im Jahr 1819 heraus, daß eine Magnetnadel von einem schwachen Strom abgelenkt wird. Am Grad der Ablenkung läßt sich die Höhe der elektrischen Spannung ablesen. Jetzt baut der junge Forscher in Berlin einen Galvanometer, der mit 4650 Windungen deutlich empfindlicher ist als frühere Meß-

Emil du Bois-Reymond, Gemälde von Max Koner

instrumente mit rund 2500 Windungen. Jahre später wird er eine Spule aus 24160 Windungen wickeln, was ihn ungefähr 500 Arbeitsstunden kostet. Im Winter sterben ihm alle Frösche, und das klinische Studium spannt ihn ein, so daß er erst im Frühjahr 1842 mit den Versuchen beginnen kann. Da er im Anatomischen Museum nur wenig Gelegenheit zum Experimentieren hat, richtet er sich zu Hause ein eigenes kleines Labor ein. Die benötigten Frösche läßt sich der „Paddendoktor" vom „Institut der Berliner Straßenjungen" aus der Panke besorgen. Seine ersten Ergebnisse bekommt die wissenschaftliche Gemeinde in den *Annalen der Physik und Chemie* im Januar 1843 zu lesen. Darin beschreibt Emil du Bois-Reymond einen Strom im ruhenden Muskel und in Nerven und eine Abnahme des Muskelstroms bei Kontraktion. Im Prinzip bestätigt er Matteuccis Ergebnisse, der jedoch den Strom für nicht biologischen Ursprungs hielt.

Bis 1845 führt du Bois-Reymond weitere Versuche durch, nebenbei promoviert er. Einmal hat er einem lebenden Frosch Fließpapier um die Hüfte gelegt, das in eine Kochsalzlösung taucht. Mit Platinelektroden schickt er schwache Ströme in die Salzlösung, die über das Fließpapier und durch die Haut das Rückenmark des Versuchstieres reizen. An dessen Oberkörper leitet er mit seinem Verstärker „negative Schwankungen" ab. In einem anderen Versuch präpariert er einen 84 mm langen Ischiasnerv aus einem ungewöhnlich großen Wasserfrosch heraus und legt ihn in der Mitte über zwei Elektroden. Zwischen einem Ende des Nervs, dem Nervinneren, und seiner Außenseite kann er einen Nervenstrom bestimmen. Wenn er den Nerv mit einem Strom reizt, dann führt dies augenblicklich zu einer elektrischen Entladung des Nervs. Im Jahr 1848 gibt der aufstrebende Forscher in seinen *Untersuchungen über thierische Elektricität* bekannt:

> „Es ist mir, wenn mich nicht alles täuscht, gelungen, jenen hundertjährigen Traum der Physiker und Physiologen von der Einerleihe it des Nervenwesens und Elektrizität , wenn auch in etwas abgeänderter Gestalt, zu lebensvoller Wirklichkeit zu erwecken (...). Ich weise, in allen Theilen des Nervensystems aller Thiere, elektrische Ströme nach, welche die Nadel eines empfindlichen Multiplicators an die Hemmung zu werfen vermögen. Dasselbe ist für alle Muskeln aller Thiere der Fall. Ich zeige, daß diese Ströme bestimmte Veränderungen erleiden in dem Augenblicke, wo im Nerven der Bewegung und Empfindung vermittelnde Vorgang, im Muskel die Zusammenziehung stattfindet. Für den Muskelstrom wenigstens bin ich im Stande, sein Dasein, und das Dasein der nämlichen Veränderungen desselben bei der Zusammenziehung auch am lebenden ganz unversehrten thierischen Körper darzuthun. (...) Ich habe endlich eine Hypothese ersonnen (...), daß die hier nach Außen bemerkbar werdenden elektrischen Veränderungen nicht blos gleichgültige Begleitzeichen, sondern die wesentliche Ursache sind der inneren Bewegung, aus denen sich der Vorgang in den Nerven bei der Innervation, in den Muskeln bei ihrer Thätigkeit zusammensetzt."

Du Bois-Reymonds Experimente bestätigen, was lange Zeit vermutet, jedoch auch immer wieder bestritten wurde: Das Nervenprinzip ist elektrischer Natur, Nerven funktionieren elektrisch. Der junge Forscher hat Nervenimpulse entdeckt, die er „negative Schwankungen" nennt. Die lange gesuchte Kraft, die Muskelkontraktionen ebenso wie Sinnesempfindungen auslöst, sind Nervenstromschwankungen. Sie vermitteln offenbar zwischen physischen und psychischen Vorgängen. Erzeugen sie etwa auch Gefühle und Gedanken? An dieser Frage werden sie sich alle die Zähne ausbeißen, Emil du Bois-Reymond ebenso wie unzählige Physiologen, Psychologen und Neurowissenschaftler bis auf den heutigen Tag.

Emil du Bois-Reymond wurde am 7. November 1818 in Berlin geboren. Seine Mutter Minette Henry war die Tochter eines Predigers der französischen Gemeinde in Berlin mit hugenottischen Vorfahren. Der Vater Félix Henri du Bois-Reymond, ein Uhrmacher, war aus dem Schweizer Kanton Neuchâtel, der in der Zeit von 1707 bis 1848 zu Preußen gehörte, nach Berlin ausgewandert. Er arbeitete hier als Sprachlehrer und Erzieher und wurde später Geheimer Regierungsrat im Außenministerium, zuständig für Neuenburger Angelegenheiten. In der Familie, in der mehr Französisch als Deutsch gesprochen wurde, ging es streng und sparsam zu. Seinen Vater beschrieb Emil als hypochondrisch frömmelnd, es sei nicht gut mit ihm auszukommen. Hierher kam wohl seine Abwehrhaltung gegen das Religiöse. Doch in zwei Aspekten, so der Wissenschaftshistoriker Karl Rothschuh, sei du Bois das Kind seines Elternhauses geblieben: Er blieb als ein Mensch der Pflicht dem Preußentum und dem Königs- bzw. Kaiserhaus aufs engste verbunden. „Von Kindheit an gehören wir dem Staat", meinte er im Alter:

> „Jede Ausnahmestellung schwand. Prüfungen, Kriegsdienst, Bürgerpflichten sind allen gemein; und sogar der Politik sich nicht ganz zu entziehen, erscheint als Gebot, mag man auch den unverhältnismäßigen Platz tadeln, den ihre unfruchtbaren Aufregungen, ihre Eintagstriumphe, ihr widriges Parteiengezänk im heutigen Kulturleben einnehmen."

Zum Pflichtgefühl kamen eiserner Fleiß und unermüdliche Ausdauer. „Ich habe meine ganze Jugend verochst, ich kann sagen, von meinem 16. Jahr an." Er besuchte das französische Gymnasium und schrieb sich 1837 an der Philosophischen Fakultät ein. Unentschlossen und wahllos hörte er Vorlesungen in Naturphilosophie, Ästhetik, Geschichte und Kirchengeschichte, ging für kurze Zeit nach Bonn und wieder zurück und blieb schließlich bei den Naturwissenschaften hängen. 1839 entschloß er sich zum Medizinstudium in Berlin. Sein Freund Eduard Hallmann empfahl ihm die Vorlesungen des Anatomen und Physiologen Johannes Müller.

Emil du Bois-Reymond wuchs im Vormärz auf, in der Zeit zwischen der französischen Julirevolution 1830 und der Märzrevolution 1848 in Berlin. Das Industriezeitalter zog herauf mit einem riesigen Arbeiterproletariat, einem aufstrebenden Bürgertum und wachsenden sozialen Spannungen. Die gesellschaftlichen Ereignisse – Landflucht, Kinderarbeit, Arbeitslosigkeit oder der Weberaufstand 1844 – finden in seinen Briefen keinen Niederschlag. Die Revolution von 1848 erlebte er im Studierzimmer, wo er sich flüchtig von der Begeisterung anstecken ließ. „O da hättest Du dabei sein müssen", schrieb er während der Straßenaufstände einem Freund,

> „Ich sage Dir, die Tränen stürzten mir in die Augen, und obschon ich nicht hinter den Barrikaden gewesen bin, man wurde durchbebt von dem freudigen Bewußtsein, daß man in sich den Mut fühlte, allen Gardebajonetten zum Trotz die Errungenschaften zu behaupten, die man nicht mit erkämpft hatte (...) Es sollte nicht sein, und es ist ein Glück, denn wir würden am Abend ganz einfach bei der Republik angelangt sein."

Und ein Jahr später meinte er rückblickend:

> „Laß mich nur in Kurzem sagen, daß ich im Anfang ganz berauscht von dem Weine der neuen Zeit war, daß mich leider aber bald die gemeine Wirklichkeit der Dinge zur Vernunft zurückbrachte und daß ich die Genugtuung hatte, einer der ersten in meinem Freundeskreise als grämlicher Reaktionär verschrien zu werden, worunter man hier alle solchen versteht, die nicht dem plattesten Radikalismus huldigen."

Für Tagespolitik interessierte er sich ebenso wenig wie für gesellschaftliche und soziale Probleme. Emil du Bois-Reymond sah seine Aufgabe darin, eine physikalische Physiologie oder organische Physik zu begründen. In späteren Jahren setzte er sich auch mit grundsätzlichen Erkenntnisfragen auseinander. Zusammen mit drei Freunden bildete er eine Gesinnungs-, wenn nicht eine Verschwörungsgemeinschaft. 1840 lernte er den Physiker Ernst Brücke kennen und schloß mit ihm eine lebenslange Freundschaft. Die beiden Männer verband nicht zuletzt die Liebe zu „Kunst, Philosophie, Poesie und fröhlicher Lebensweisheit". „Brücke und ich", schrieb er,

„... wir haben uns verschworen, die Wahrheit geltend zu machen, daß im Organismus keine anderen Kräfte wirksam sind als die gemeinen physikalisch-chemischen."

1841 gründete er mit Ernst Brücke, drei Physikern und einem Chemiker einen jüngeren Naturforscher-Verein, der 1845 in der *Physikalischen Gesellschaft* aufging. Du Bois war 47 Jahre lang ihr Vorsitzender, Werner von Siemens zählte zu den Mitgliedern. Mit dem Physiker Hermann von Helmholtz freundete er sich 1845 an. „Dies ist (...) zu Brücke und meiner Wenigkeit", schrieb er Hallmann, „der dritte organische Physiker im Bunde. Ein Kerl, der Chemie, Physik, Mathematik mit Löffeln gefressen hat, ganz auf unserem Standpunkt der Weltanschauung steht, und reich an Gedanken und neuen Vorstellungsweisen."

Besonders beeindruckte ihn sein Vortrag *Über die Erhaltung der Kraft* (Energie). Helmholtz gelang es 1850, die Leitungsgeschwindigkeit im Froschnerv zu messen (zwischen 25 und 43 m/s). Schließlich lernte du Bois den Marburger Physiologen Carl Ludwig kennen. „Ich denke allen Ernstes", schrieb er ihm, als er dessen Handbuch der Physiologie des Menschen gelesen hatte, „unser vier gemeinschaftliches Auftreten wird wirklich eine Epoche in der Wissenschaft der Wissenschaften, der Physiologie, gegründet haben, und so wirst Du deren Fahnenträger geworden sein. Jetzt siegt trotz allem Sträuben der Widersacher sichtlich die von uns gestiftete physikalische Physiologie."

Im Jahr 1843 promovierte du Bois mit einer Schrift über die Auffassungen der Griechen und Römer über elektrische Fische (Zitterfische), drei Jahre später habilitierte er sich. „Ende 1842 war ich soweit gelangt", erinnerte er sich später, „dass ich das Gesetz des Muskelstromes, des Nervenstromes und der negativen Schwankungen des Muskelstromes entdeckt hatte." 1848 erschien der erste Band seiner *Untersuchungen über thierische Elektricität*. Die Titelvignette des aufsehenerregenden Werkes zeigte einen Zitterrochen und darüber einen Multiplikator, den Standardgalvanometer für elektrophysiologische Arbeiten der 1840er und 50er Jahre. Die Zeichnungen hatte er selbst angefertigt.

1849 nahm du Bois-Reymond aus finanziellen Gründen die durch den Weggang von Hermann von Helmholtz freiwerdende Stelle als Assistent am Anatomischen Museum an und zusätzlich eine Stelle als Anatomielehrer an der Berliner Kunstakademie. Im Frühjahr 1850 stellte er in Paris seine Versuche einer eigens eingesetzten Kommission vor. Die französischen Wissenschaftler, darunter der namhafte François Magendie, teilten größtenteils seine Deutung.

Du Bois-Reymond wiederholte auch die Versuche von Michael Faraday mit Zitterfischen und bestätigte, daß die Schläge dieser Fische elektrischer Natur waren. Bis zu 700 Volt können sich in Stromschlägen von Zitteraalen entladen. Elektrische Fische bauen diese Spannungen in hintereinander geschalteten Platten auf, die aus Muskeln entstanden sind. Der Forscher war ganz aufgeregt, als er im Jahr 1857 den ersten Zitterwels erhielt. Das Universitätsgebäude hatte damals noch keine Wasserleitung. Aquarien wurden gebaut und in ein Wasserbecken gestellt, das mit einer Ölflamme beheizt wurde. In den 70er Jahren erhielt er auch einen Zitterrochen vom Berliner Aquarium. Aus Amerika eingeführte Zitteraale gingen zu seiner Erbitterung auf der Bahnfahrt von Hamburg nach Berlin ein.

Auf Vorschlag von Alexander von Humboldt und Johannes Müller nahm die *Königlich Preußische Akademie der Wissenschaften* den 32jährigen 1851 als ordentliches Mitglied auf. In der Begründung hieß es, daß seine Arbeiten über tierische Elektrizität ihn „an die Spitze dieses Teils der organischen Physik gestellt, die auf diesem Felde erschienenen Arbeiten weit hinter sich gelassen und die verborgenen Erscheinungen des tierischen Körpers der messenden Physik und der Berechnung zugänglich gemacht" hätten.

1853 heiratete er Jeannette Claude, eine entfernte Verwandte aus England. Als Tochter eines Kaufmanns war sie in Berlin geboren und in Chile und England aufgewachsen. Jeannette und Emil Du Bois hatten neun Kinder.

Im Jahr 1855 wurde er zum außerordentlichen Professor ernannt, 1858, nach dem Tod von Johannes Müller und nach der Trennung der Fächer Anatomie und Physiologie, übernahm er den Lehrstuhl für Physiologie. Zu dieser Zeit war sein wissenschaftliches Werk weitgehend abgeschlossen. Du Bois-Reymond blieb zeitlebens auf

Elektrophysiologie spezialisiert und hatte im Sezieren oder Mikroskopieren nicht allzu viel Erfahrung. Nach 1860 kümmerte er sich hauptsächlich um institutionelle und wissenschaftspolitische Angelegenheiten. Dabei setzte er sich auch für eine fortschrittliche Schulpolitik und für die Zulassung von Frauen zum Medizinstudium ein. Sein zweites großes Werk, *Gesammelte Abhandlungen zur allgemeinen Muskel- und Nervenphysik*, erschien in zwei Bänden 1875 bis 1877. Ab 1877 leitete er das neu erbaute Physiologische Institut, in den Jahren 1869/70 und 1882/83 war er Rektor der Universität.

Während du Bois-Reymond öffentliche politische Äußerungen immer vermieden habe, ganz im Gegensatz zu Rudolf Virchow, schreibt Michael Hagner, sei er 1870 trotz seiner frankophilen Erziehung in antifranzösische Ressentiments ausgebrochen. In seiner Rede *Der deutsche Krieg* bezeichnete er die Berliner Universität als „das geistige Leibregiment des Hauses Hohenzollern". Bismarck bedankte sich mit einem Brief aus Versailles.

Seine Reden mit nationalen und politischen Bezügen erscheinen heute, meint Petra Lennig, unerträglich pathetisch, nationalistisch und liebedienerisch gegenüber den Hohenzollern. Doch er hielt auch Reden über Aufklärer und Wissenschaftler wie über Voltaire, La Mettrie, Leibniz, Diderot, Goethe, Johannes Müller und Helmholtz. Seine materialistische und atheistische Überzeugung forderte heftigen Widerstand reaktionärer und klerikaler Kreise heraus. Nach seiner Rede über „Darwin und Kopernikus" im Jahr 1883, die man ihm als versteckte Gotteslästerung ankreidete, kam es zu wütenden Pressekampagnen gegen ihn.

Du Bois-Reymond setzte sich intensiv mit der Frage der Erkenntnisfähigkeit auseinander. Im Jahr 1872 machte er in einer berühmt gewordenen Rede *Grenzen des Naturerkennens* deutlich, und zwar im Hinblick auf das Wesen von Materie, Kraft und das Bewußtsein. Seine Ausrufe „Wir wissen nicht" und „Wir werden nicht wissen" (*Ignoramus* und *Ignorabimus*) wurden zu vielzitierten Schlagworten.

Emil du Bois-Reymond starb am 26. Dezember 1896, nachdem er schon länger an „Altersveränderungen am Herzen und an den großen Gefäßen" gekränkelt hatte. Er wurde auf dem Friedhof der Französischen Gemeinde an der Berliner Chausseestraße neben dem Grab seiner Eltern beigesetzt.

Rund 3000 Druckseiten über elektrische Vorgänge an Nerven und Muskeln hat Emil du Bois-Reymond geschrieben. Auf dem Gebiet der Elektrophysiologie verdanken wir ihm drei Erkenntnisse, die Bestand hatten: Erstens wies er zweifelsfrei *elektrische Aktivität* – nicht nur elektrische Leitfähigkeit – in Nerven und Muskeln nach und löste damit die Vorstellung von einem feinen Teilchenstrom (*Spiritus animales*) oder Nervensaft ab. Zweitens entdeckte er die „negative Schwankung" und erklärte sie zum gesuchten Nervenprinzip. *Nervenstromschwankungen*, so fand er, wurden durch Ein- und Abschalten des Stroms sowie durch Wechselstrom hervorgerufen – heute sagen wir, durch Reize, die ein Nerv-Muskel-Präparat erregen. Diese Entdeckung führte später zur Aufklärung des Nervenimpulses. Drittens führte er verbesserte oder neue *Reiz- und Meßinstrumente* in die Praxis ein. So verwendete er nichtpolarisierbare Elektroden (Tonstiefelelektroden aus Zink-Zinksulfat), baute einen empfindlichen Galvanometer mit einer Spule aus 24 160 Windungen und erfand das Schlitteninduktorium.

Die Anfänge der Elektrophysiologie liegen in den älteren, umstrittenen Entdeckungen über tierische Elektrizität. Der italienische Arzt und Naturforscher Luigi Galvani entdeckte im Jahr 1780, daß ein präparierter und geerdeter Froschschenkel zu zucken begann, wenn in einiger Entfernung ein Funken von einer Reibungselektrisiermaschine auf einen Leiter übersprang. Einmal soll sogar ein Froschschenkel, der an einem Kupferhaken auf seinem Balkon hing, bei einem Gewitter gezuckt haben. Galvani glaubte, alle Tiere erzeugten mit ihren Nerven und Muskeln Elektrizität so wie der Zitteraal, nur eben viel schwächer. In anderen Versuchen löste er starke Muskelkontraktionen aus, wenn er einen Schließungsbogen aus zwei verschiedenen Metallen an einen Froschschenkel anlegte. Sein Landsmann Alessandro Volta widersprach Galvani und behauptete, es gebe keine tierische, sondern nur metallische Elektrizität. Quelle der Elektrizität in Galvanis Versuchen seien stets zwei verschiedene Metalle gewesen. Die beiden Gelehrten stritten sich jahrelang in aller Öffentlichkeit. Jahre später maß Leopoldo Nobili mit seinem Verstärker den *Froschstrom* zwischen den Füßen und zentralen Körperpartien eines soeben getöteten Tieres und schrieb ihn dem Zusammenwirken von Nerv und Muskel zu. Nobili ahnte nicht, daß er selbst den Froschstrom durch die Durchtrennung des Rückenmarks hervorgerufen hatte. Schließlich kam der italienische Physiker Carlo Matteucci, der keine elektrische Aktivität der Nerven fand, zum Ergebnis, das Nervenprinzip, die unbekannte Kraft der Nerven, sei nicht elektrischer Natur.

Einige Jahre nach du Bois deckten Forscher auf, was dem Nervenimpuls zugrunde liegt: Entlang der Nervenzellmembran baut sich eine elektrische Ladung dadurch auf, daß unterschiedlich geladene Teilchen (Ionen) durch die Membran getrennt werden. Ein Reiz löst eine lokale Entladung aus, die sich schlagartig wie umfallende Dominosteine entlang der Membran fortpflanzt *(Ionentheorie der Erregung)*. Da praktisch in jedem Nerv-Muskel-Präparat Zellmembranen verletzt sind, entstehen Verletzungsströme, die du Bois für normale, überall vorkommende Nerven- und Muskelströme hielt.

Um 1830 vollzog sich in Deutschland eine tiefe gesellschaftliche und kulturelle Umwälzung. Der Aufstieg der kapitalistischen Bourgeoisie ging einher mit der Lösung vom Idealismus und der Verbreitung materialistischen Denkens. Die grundlegende philosophische Spannung im 19. Jahrhundert war diejenige zwischen dem Materialismus, der auf der mechanistischen Naturauffassung gründete, und dem Idealismus, der metaphysische, religiöse oder ethische Auffassungen retten sollte. Das wissenschaftliche Weltbild Newtons und Descartes hatte sich durchgesetzt, die materialistische Weltanschauung gipfelte im *Dämon von Laplace*. Der französische Mathematiker und Physiker Pierre Simon de Laplace hatte im Jahr 1776 mit einem genialen Gedankenexperiment das mechanistische Weltbild zu Ende gedacht. Nehmen wir einmal an, es gäbe einen hochintelligenten Geist, der nur für einen Augenblick die genauen Positionen und Geschwindigkeiten aller Materieteilchen kennt, dann könnte er jedes Ereignis in der Zukunft wie in der Vergangenheit berechnen: „Nichts wäre ungewiß für ihn, und Zukunft wie Vergangenheit wäre seinem Blick gegenwärtig."

Da alle Vorgänge der unbelebten wie auch der belebten Welt durch Bewegungen von Materieteilchen nach Naturgesetzen zustande kamen, mußten alle künftigen wie auch alle vergangenen Ereignisse aus gegenwärtigen ableitbar sein. Alles Geschehen in Zukunft wäre streng vorherbestimmt. Über ein Jahrhundert blieb die Idee Laplaces unangefochtene Richtschnur physikalischer Erkenntnissuche, bis Anfang des 20. Jahrhunderts der französische Mathematiker Henri Poincaré entdeckte, daß dynamische (nichtlineare)

Systeme unvorhersehbar sein können. Der *Dämon von Laplace* war auch deshalb so erschreckend, weil seinem Determinismus zufolge ein sogenannter freier Wille nicht imstande war, ein Ereignis ohne physikalische Ursache hervorzubringen. Das mechanistische Weltbild stellte also – nach der Aufklärung – abermals die Frage, wieweit es einen freien Willen gebe.

Du Bois hing ebenso wie andere Materialisten der Vorstellung an, Willkürbewegungen ließen sich mit physikalischen Kräften erklären. Jahre später jedoch, nach einem „Tag von Damaskus", änderte er seine frühere Auffassung dahingehend,

„daß dem Problem der Willensfreiheit mindestens noch drei transzendente Probleme vorhergehen, nämlich außer dem schon früher von mir erkannten des Wesens von Materie und Kraft, das der ersten Bewegung und das der ersten Empfindung in der Welt".

Demnach entzogen sich Willkürbewegungen grundsätzlich einer Erklärung durch Physik. In seinen Reden *Ueber Grenzen des Naturerkennens* und *Die sieben Welträthsel* 1872 bzw. 1880 stellte Emil du Bois-Reymond zwei Erkenntnisgrenzen fest. Sein erstes *Ignorabimus* (wir werden nicht wissen) bezog er auf das Verhältnis von Materie und Kraft, das zweite auf das Bewußtsein.

Materie und Kraft mußten untrennbar sein, obwohl man sie begrifflich unterscheidet: Materie bezeichnet etwas Gegenständliches und seine Menge (Quantität), wohingegen Kraft Vermögen der Materie bedeutet, Wirkungen auf andere Gegenstände oder auf unsere Sinnesorgane zu erzeugen. Hermann von Helmholtz hielt es für fehlerhaft,

„die Materie für etwas Wirkliches, die Kraft für einen bloßen Begriff erklären zu wollen, dem nichts Wirkliches entspräche; beides sind vielmehr Abstractionen von dem Wirklichen, in ganz gleicher Art gebildet; wir können ja die Materie eben nur durch ihre Kräfte, nie an sich selbst, wahrnehmen."

Die meisten Materialisten faßten Stoff und Kraft, darunter Körper und Geist, als etwas Einheitliches auf. Nach du Bois gab es ebenso wenig Kraft ohne Materie wie Materie ohne Kraft. Das Problem lag in einer „unerforschlichen Zweieinigkeit" von Materie und Kraft. So ist z. B. die Schwerkraft an Materie gebunden, doch sie kann nicht aus der Materie abgeleitet werden.

„Nur die unerforschliche Zweieinigkeit, in der wir vereint Materie und Kraft erkennen, kann bewegend und bewegt werdend in Wechselwirkung geraten mit ihresgleichen, dem gleich Unerforschlichen."

In der Frage der Sinnesempfindungen stimmte du Bois-Reymond mit der Theorie von den „spezifischen Sinnesenergien" seines Lehrers Johannes Müller überein. Müller erkannte, daß erst das Vorstellungs- und das Urteilsvermögen im Gehirn die schlichten Nervensignale der Sinnesorgane interpretieren:

„Das, was durch die Sinne zum Bewußtsein kommt, sind zunächst nur Eigenschaften und Zustände unserer Nerven, aber die Vorstellung und das Urteil sind bereit, die durch äußere Ursachen hervorgebrachten Vorgänge in unseren Nerven als Eigenschaften und Veränderungen der Körper außer uns selbst auszulegen."

Nach Ansicht von Herbert Hensel formulierte du Bois-Reymond diese Theorie noch radikaler, wenn er sagte, daß es in Wirklichkeit keine Qualitäten an sich gebe, denn Sinnesqualitäten seien Produkte des Gehirns. Das Gehirn übersetze die in allen Nerven gleichartige Erregung überhaupt erst in Sinnesempfindungen. Der Klang eines Akkords und der Schmerz nach Berührung eines glühenden Eisens, meinte er, seien Phänomene, die durch keinen materiellen Vorgang erklärt werden könnten:

„Kein mathematisch überlegender Verstand könnte aus astronomischer Kenntnis des materiellen Geschehens in beiden Fällen a priori bestimmen, welcher der angenehme und welcher der schmerzhafte Vorgang sei."

Du Bois gelangte zu einer zweiten Erkenntnisgrenze. Das Bewußtsein sei ebenso unbegreifbar wie die Zweieinigkeit von Materie und Kraft:

„Es ist eben durchaus und für immer unbegreiflich, daß es einer Anzahl von Kohlenstoff-, Wasserstoff-, Stickstoff-, Sauerstoff- usw. Atomen nicht sollte gleichgültig sein, wie sie liegen und sich bewegen, wie sie lagen und sich bewegten, wie sie liegen und sich bewegen werden. Es ist in keiner Weise einzusehen, wie aus ihrem

Zusammensein Bewußtsein entstehen könnte. (...) Der traumlos Schlafende ist begreiflich, so weit wie die Welt, ehe es Bewußtsein gab. Wie aber mit der ersten Regung von Bewußtsein die Welt doppelt unbegreiflich ward, so wird auch der Schläfer es wieder mit dem ersten ihm dämmernden Traumbild."

Dem mechanistisch-materialistischen Weltbild zufolge, das im Grunde nicht mehr als eine Billardkugelmechanik war, müßte Bewußtsein aus Materieanordnung und Materiebewegung erkennbar sein; das ist aber, so der Philosoph Rudolf Malter über du Bois-Reymond, auch bei „astronomischer Kenntnis des Seelenorgans" unmöglich. Bewußtsein, angefangen von seiner primitivsten Form bloßer Empfindung bis hin zum selbstbewußten Geist, entzieht sich jeglicher Art von mechanischer Ableitung aus Materiebedingungen, auch wenn alles darauf hindeutet, daß Bewußtsein in seinem Vollzug an Materiebedingungen geknüpft ist. Die Erzeugung von Bewußtsein jedoch ist nicht mechanistisch erklärbar – „die mechanische Ursache geht rein auf in der mechanischen Wirkung, d. h., Materiebewegung erzeugt nur Materiebewegung und bringt nicht die neue, als Bewußtsein bezeichnete Qualität hervor." Du Bois stellte einen Bruch, eine „Discontinuität", zwischen physischen und psychischen Erscheinungen fest:

„Durch keine zu ersinnende Anordnung oder Bewegung materieller Teilchen aber läßt sich eine Brücke ins Reich des Bewußtseins schlagen."

Ferdinando Vidoni stellt klar, du Bois behaupte nicht, psychische Vorgänge könnten nicht Produkte physischer Vorgänge sein, vielmehr, wir könnten physische Ursachen der psychischen Erscheinungen nicht erkennen. So betrachtet, näherte er sich in diesem Punkt, ohne es zu wissen, seinem gleichaltrigen Zeitgenossen Karl Marx. Marx und Engels gingen in ihrem dialektischen Materialismus davon aus, daß die Materie sich selbst bewegt und sich im Kopf des Menschen zur Idee umzusetzen vermag. Diese Umsetzung faßten sie nicht mechanistisch auf; vielmehr sollten materielle quantitative Änderungen in qualitative umschlagen.

Wie die Materialisten glaubte auch du Bois-Reymond, daß der Gedanke etwas irgendwie vom Gehirn Erzeugtes sei. Doch im Unterschied zu ihnen leugnete er eine Brücke zwischen beiden bzw.

meinte, daß wir eine Brücke zwischen beiden – so es sie denn gäbe – jetzt und auch in Zukunft nicht erkennen könnten. Als Carl Vogt behauptete, der Gedanke verhalte sich zum Gehirn wie die Galle zur Leber oder der Urin zur Niere, ging das du Bois entschieden zu weit. Er stieß sich nicht an der Aussage, der Gedanke sei ein Produkt des Gehirns, vielmehr daran, Vogt erwecke die Vorstellung, als sei der Gedanke aus der physikalischen Kenntnis des Gehirns ableitbar.

Aber ganz konnte oder wollte du Bois-Reymond keinen Schlußstrich unter das Problem ziehen. Bei allem Anschein, daß physische Vorgänge psychische hervorbringen, handele es sich vielleicht doch nur um eine Täuschung. Da stieß er auf eine vor 175 Jahren geäußerte Idee. Der Mathematiker und Philosoph Gottfried Wilhelm Leibniz hatte 1695 vorgeschlagen, geistige Phänomene erschienen deshalb mit physischen Vorgängen aufs engste liiert, weil beide vollkommen synchronisiert und harmonisiert seien, so wie zwei perfekt gebaute Uhren. Und die beeinflussen sich ja auch nicht.

„Herr Geheimrath, how does it kill?"

Charles Sherrington (1857 – 1952)

„Ein Schema von Linien und Knotenpunkten, die am einen Ende zu einem verwickelten Knäuel, dem Gehirn, zusammengezogen sind, am anderen Ende zu einer Art Stiel, dem Rückenmark. Stellen Sie sich vor, daß sich die Aktivität darin in kleinen Lichtpunkten zeigt. Unter ihnen blitzen rhythmisch stationäre Lichtpunkte auf, schneller oder langsamer. Andere Lichtpunkte laufen, strömen serienmäßig auf Bahnen mit unterschiedlichen Geschwindigkeiten. Die rhythmischen stationären Lichter liegen in den Knotenpunkten. Die Knotenpunkte sind Ziele, in denen Lichter auf konvergenten Bahnen zusammenlaufen, wie auch Verbindungen, von denen Lichter auf divergenten Bahnen ausgehen. Die Linien und Knoten, wo die Lichter sind, bleiben zusammengenommen niemals dieselben, nicht einen einzigen Moment. Es gibt zu jedem Zeitpunkt Linien und Knoten, wo die Lichter nicht sind."

In einer bilderreichen Sprache beschrieb Charles Sherrington Gehirn und Rückenmark in Aktion und hob die unermeßliche Dynamik des Gehirns hervor, das ständig neue Aktivitätsmuster hervorbringt und eine unendliche Fülle möglicher Muster in sich birgt. Einzigartig auch Sherringtons Beschreibung des zentralnervösen Geschehens beim Tiefschlaf:

„Angenommen, wir wählen die Stunde des Tiefschlafs. Dann blitzen Knoten und laufende Lichtpunkte nur spärlich und weitab. Solche Stellen zeigen lokale Aktivität an, die sich noch im Werden befindet. An einer dieser Stellen können wir das Verhalten einer Ansammlung von vielleicht 10 000 Lichtpunkten beobachten, die ein geheimnisvolles und wiederkehrendes Manöver aufführen wie bei einem Beschwörungstanz. Sie überwachen den Herzschlag und den Zustand der Arterien, so daß der Blutkreislauf, während wir schlafen, so ist, wie er sein sollte. Das große verknäuelte Kopfende des ganzen schlafenden Systems, vor allem die Hirnrinde, liegt zum größten Teil im Dunkeln. Gelegentlich leuchten darin Punkte an einigen Stellen auf oder bewegen sich, aber sie lassen bald nach. Solche leuchtenden Punkte und Lichtbahnen liegen hauptsächlich weit in den Außenbezirken, blinken und bewegen sich langsam. In Zeitabständen quillt sogar ein Funkenerguß auf und sendet eine Leuchtspur zum Rückenmark, ohne es zu erregen. Dort, wo sich jedoch das Rückenmark mit dem Vorderende verbindet, geht in einem begrenzten Bereich ein bemerkenswertes Schaupiel vor sich. Eine dichte Konstellation aus einigen tausend Knotenpunkten bricht alle paar Sekunden in ein kurz andauerndes rhythmisches Blitzen aus. Zuerst einige Lichter, dann mehr, die in Frequenz und Zahl wie in einem ruhigen Crescendo bis zu einem Höhepunkt zunehmen, anschließend abnehmen und absterben. Nach einer Pflichtpause wiederholt sich das Aufblühen. Mit jedem dieser rhythmischen Ausbrüche zieht eine Entladung von Lichtern auf Bahnen entlang dem Rückenmark und dann inf einige Nervenverzweigungen. Was dies tut? Es steuert das Atmen, während wir schlafen."

Und dann, wie aus dem Nichts, kehrt das wache Bewußtsein zurück, taucht auf wie ein neuer Morgen:

„Im großen Kopfende, das meist im Dunkeln lag, entspringen Myriaden glitzernder stationärer Lichter und Myriaden Lichtbahnen in viele verschiedene Richtungen. Es ist, als ob von einer jener Stellen, die in der dunklen Hauptmasse unruhig geblieben waren, sich plötzlich Aktivität weit ausbreitete und überall eindränge. Jetzt wird die große oberste Decke der Masse, in der zuvor kaum ein Licht geblitzt oder sich bewegt hatte, zu einem Funken sprühenden Feld rhythmischer Blitzpunkte mit Bahnen hin- und herschnellender Funken. Das Gehirn erwacht und mit ihm kehrt der Geist zurück. Es ist, als ob die Milchstraße irgendeinen kosmischen Tanz begonnen hätte. Schnell wird aus der Gehirnmasse ein verzauberter Webstuhl, wo Millionen blitzende Weberschiffchen ein sich auflösendes Muster weben, stets ein bedeutungsvolles Muster, doch nie ein dauerndes; eine wechselnde Harmonie aus Mustern größerer Muster. Jetzt, wenn der Körper aufwacht, dehnen sich kleine Muster dieser großen Harmonie in

Sir Charles Scott Sherrington

die unbeleuchteten Gleise des Stieles im Schema aus. Auf dessen voller Länge Bänder aus blitzenden und laufenden Funken. Dies bedeutet, daß der Körper bereit ist und aufsteht, um sich mit dem erwachenden Tag zu treffen."

Charles Sherrington, Nervenphysiologe und feinsinniger Schöngeist, bewandert in alten Sprachen und Literatur, veranschaulichte das aktive Gehirn in einer poetischen, metaphernreichen Sprache. Am Tag, während des Bewußtseins, ist die Hirnrinde hochaktiv, webt ein Muster nach dem anderen, und jedes geht augenblicklich in einem anderen auf. Auch beim Träumen entzündet der Cortex wahre Feuerwerke – doch nach einem anderen Muster. Nur im Tiefschlaf ist die Hirnrinde weitgehend ruhig.

Im Mittelpunkt seines langen Forscherlebens stand das Nervensystem. Sherrington klärte über wichtige Einzelheiten auf und beschrieb das System in seinem Werk *The Integrative Action of the Nervous System*. Der „Philosoph des zentralen Nervensystems", wie ihn ein Teilnehmer der Neurologentagung 1931 titulierte, versuchte, das Gehirn als Ganzes in den Griff zu kriegen – aus wissenschaftlicher Sicht ein vermessenes Unterfangen. Mit einem verzauberten Webstuhl verglich Sherrington, der auch Dichter war, das Gehirn und dessen unaufhörliche, geistig-schöpferische Tätigkeit.

Charles Sherrington wurde am 27. November 1857 in einem Londoner Vorort geboren. Sein Vater, ein Landarzt, starb kurz darauf, und seine Mutter heiratete schließlich einen Arzt, Kunstliebhaber und Hobby-Archäologen. Sein Stiefvater, meinte er, habe in ihm das Interesse für die Klassik, für Dichtung, Malerei, gotische Architektur sowie für Technikgeschichte und Darwins Evolutionstheorie geweckt. In der Schule lernte er vor allem Griechisch und Latein, die Klassiker, Geschichte und Literatur, jedoch keine Naturwissenschaft. Wissenschaft, bemerkte er einmal, war gesellschaftlich nicht repräsentabel. Charles studierte Medizin in London und Cambridge und lernte Klinik am St. Thomas' Hospital in London. Im Jahr 1881 nahm er an dem 7. Internationalen Medizinerkongreß teil. Sherrington sah, wie Friedrich Goltz aus Straßburg einen Hund vorführte, dem er zuvor operativ die ganze Hirnrinde entfernt hatte. Da das Tier keine Lähmungen aufwies und anscheinend auch anderweitig keine Störungen zeigte, behauptete Goltz, lokalisierbare Funktionen im Cortex gäbe es nicht. David Ferrier hingegen wartete mit einem halbseitig gelähmten und einem tauben Affen auf, denen er Teile des Cortex zerstört hatte. Sherrington durfte an der mikroskopischen Untersuchung der Gehirne teilnehmen. Der Bericht mehrerer Autoren, darunter Sherrington, erschien 1884, eine von seinen über 320 wissenschaftlichen Publikationen. Bevor er mit seinem Doktor abschloß, studierte er knapp ein Jahr bei Goltz in Straßburg.

Erste Aufmerksamkeit zog Sherrington nicht als Neurophysiologe, sondern als Bakteriologe auf sich. 1885 nahm er an einer Expedition nach Spanien zur Erforschung der asiatischen Cholera teil. Als ein Jahr später die gefährliche Infektionskrankheit in Süditalien ausbrach, reiste Sherrington, diesmal allein, in die Provinz Puglia. Auf der Rückreise suchte er Rudolf Virchow in Berlin auf, der zu jener Zeit jedoch mehr gegen Bismarck als gegen Bazillen kämpfte. Virchow schickte Sherrington zu einem sechswöchigen Kurs in Bakteriologie zu Robert Koch. Ein Jahr blieb er bei Koch. Jeden Samstagnachmittag prüfte Koch die Arbeit seiner Assistenten, wie Sherrington sich erinnerte:

> „Bei einer dieser Gelegenheiten hatte ich einen Nierenschnitt einer Maus unterm Mikroskop, die an Milzbrand gestorben war. Die Kapillaren in dem gefärbten Exemplar sahen fast wie gespritzt aus, so voll von gefärbten Bazillen waren sie. Als er es sich ansah, fragte ich: Herr Geheimrath, wie tötet es? Er erwiderte: Warum sind die Gefäße mit Bazillen zugestopft? Ich war überrascht – ein mechanischer Tod? Die Antwort kam: Gewiß!"

1891 heiratete Sherrington Ethel Mary Wright; sie hatten einen Sohn, der später ein bekannter Wirtschaftswissenschaftler wurde.

Eines Abends 1893 erhielt Sherrington – inzwischen ärztlicher Direktor des veterinärmedizinischen Brown-Instituts in London – ein Telegramm aus Lewes in Sussex. Sein Schwager teilte ihm mit, sein 8jähriger Sohn George habe Diphtherie. Sherrington und Dr. Ruffer hatten kürzlich ein Pferd mit Diphtherie-Bakterien infiziert, wie es die Kollegen am Pasteur-Institut in Paris machten, um ein Antiserum zu gewinnen. Als sie damit erkrankte Meerschweinchen behandelten, wirkte es immerhin bei einem Teil der Tiere.

Nach hektischer Suche trieb Sherrington Dr. Ruffer auf. „Auf jeden Fall können Sie das Pferd benutzen", sagte Ruffer, „aber es ist noch nicht reif für einen Versuch!" Beim Licht einer Laterne zapfte Sherrington Pferdeblut, kühlte es auf Eis, sterilisierte Flaschen und Pipetten und dekantierte später das Serum. Als er am nächsten Morgen mit dem ersten Zug in Lewes/Sussex eintraf, holte ihn der Arzt Dr. Fawsett ab. „Sie können mit dem Jungen tun, was Sie wollen, aber zur Teatime wird er nicht mehr leben!" Doch Fawsett half Sherrington, dem schwer atmenden Jungen das Antiserum zu spritzen. Das Kind erholte sich schnell. Es war der erste erfolgreiche Einsatz eines Diphtherie-Antiserums in Großbritannien.

1895 wurde Sherrington Professor für Physiologie in Liverpool. Sein Vorgänger dort war Richard Caton, der als erster 1875 über spontane elektrische Aktivität im Gehirn berichtet hatte. In Liverpool flossen Sherringtons Forschungsergebnisse über Motorik, Reflexe, aktivierende und hemmende (reziproke) Innervierung und Gehirnlokalisation in sein Werk *Integrative Action of the Nervous System* ein. Das Buch wurde in seiner Bedeutung auf eine Stufe mit William Harveys *De motu cordis* über die Entdeckung des Blutkreislaufs gestellt.

Sherringtons Interessen waren so vielseitig, daß er dem amerikanischen Forschungsstudenten Harvey Cushing, einem später weltweit bekannten Neurochirurgen, einen unzutreffenden Eindruck vermittelte. Cushing schrieb 1901, als er in Liverpool ankam:

„12. Juli 1901. Meine erste Woche habe ich mit dem Versuch verbracht, eine Arbeitslinie festzulegen – Sherrington machte keine speziellen Vorschläge –, um herauszufinden, daß ein englisches Labor in einem schlechteren Zustand als ein italienisches sein kann, und um zwei oder drei sehr interessante Experimente zu sehen.

Die Leute. Sherrington ist eine große Überraschung. Er ist jung, fast jungenhaft wie 36 (?) (tatsächlich 43), ist kurzsichtig, trägt, wenn er sie nicht verloren hat, eine Goldbrille. Er operiert gut für einen „Physiolog", doch mir scheint viel zu viel. Ich sehe nicht, wie er mit Sorgfalt die große Menge experimentellen Materials bewältigen kann, die er in Bearbeitung hat. So weit ich sehe, ist der Grund, warum er so viel zitiert wird, nicht, daß er besonders große Dinge getan hat, sondern daß sie seine Vorgänger alle so mangelhaft getan haben.

Das ganze Ding mit Bezug zur experimentellen Neurologie befindet sich zu meiner großen Überraschung in einem höchst rohen Zustand. Die Probleme, die sich stellen, sind immens. Sherrington geht sie zu schnell an. Wenige Notizen werden während der Beobachtungen festgehalten, was schlecht ist. Sherrington sagt selbst, er habe ein schlechtes Gedächtnis – bummelt in seinem Labor herum, bis er nach sieben Uhr abends versucht aufzuholen, und ist dann verbraucht und beginnt am nächsten Tag nicht vor zehn oder elf Uhr."

1913, im Alter von 56, folgte Sherrington einem Ruf nach Oxford. Als im nächsten Jahr das Semester begann, saßen ihm nur sieben

Studierende gegenüber, vier Frauen und drei für den Kriegsdienst untauglichen Männer. Viele Kommilitonen kamen nicht zurück. Als das Kriegsministerium Sherrington damit beauftragte, Müdigkeit unter den Arbeitern in einer Rüstungsfabrik zu untersuchen, beschloß er, selbst in der Fabrik zu arbeiten, um Erfahrungen zu sammeln. Nach fast elf Wochen und einem Zwölfstundentag überzeugte er seine Auftraggeber, daß eine kürzere Arbeitszeit und bessere Lebensbedingungen die Produktivität erhöhen können. Man folgte seinem Rat.

Sherrington bekleidete eine Vielzahl von Ämtern, darunter das des Präsidenten der *Royal Society* in der Zeit von 1920 bis 1925. Als im Jahr 1931 der Physiologe Leon Asher in Bern eine Ansprache zur Verleihung eines Ehrentitels an Sherrington hielt, glaubten viele Teilnehmer des Festaktes, Sherrington sei längst tot. Die internationale Hörerschaft brach in lauten Jubel aus, als der plötzlich auftrat. Diese Ovation brachte Sir Charles zuerst aus der Fassung, schrieb John Fulton; dann bedankte sich der 73jährige mit gewohnter Liebenswürdigkeit. Ein Jahr später wurden er und Edgar Adrian für ihre Arbeiten über die Funktion der Nervenzelle mit dem Nobelpreis für Medizin oder Physiologie ausgezeichnet.

Nach seiner Emeritierung 1935 beschäftigte er sich auf der Grundlage seiner physiologischen Kenntnisse vom Nervensystem auch philosophisch mit dem Gehirn. In seinen Büchern *The Brain and its Mechanism* (1933) und *Man on his Nature* (1940) setzte er sich auch mit dem Phänomen des Geistes auseinander. 1949 gab er seine Vorlesungen über Goethe unter dem Titel *Goethe on Nature and Science* als Buch heraus.

Sechs Wochen vor seinem Tod beschwerte er sich darüber, bereits zu lange zu leben, und setzte hinzu, immerhin habe er George Bernard Shaw überrundet. Am 4. März 1952 starb Charles Sherrington in seinem 95. Lebensjahr.

Nach seinem Vorspiel in Bakteriologie forschte Sherrington ein Leben lang über das zentrale Nervensystem. Als er den Lehrstuhl in Liverpool übernahm, erhielt er den Auftrag, ein Kapitel über das Nervensystem für ein Lehrbuch der Physiologie zu schreiben. Sherrington, der erkannt hatte, daß die Kontaktstelle zweier Nervenzellen spezifische Funktionen erfüllt, schlug hierfür 1887 den Begriff Synapse vor, der schnell gebräuchlich wurde. Dabei unterstellte er, daß die Erregung einer Nervenzelle über eine Synapse auf eine andere Nervenzelle übertragen wird.

Im Jahr 1891 klärte Sherrington Einzelheiten des Kniesehnenreflexes auf und zeigte, daß dabei das Nervensystem als eine Einheit funktioniert. Beim Kniesehnenreflex streckt und beugt sich das Bein schnell nacheinander. Während der Kontraktion des Beugers entspannt sich dessen Gegenspieler, der Strecker, ja, er erwies sich sogar als gehemmt. Sherrington nannte den Vorgang reziproke Hemmung. Er erkannte im Zusammenspiel von Erregung und Hemmung ein universelles Prinzip des gesamten Nervensystems:

> „Die gesamte quantitative Abstufung aller vom Gehirn und dem Rückenmark gesteuerten Bewegungsabläufe scheint auf der gegenseitigen Wechselwirkung zwischen zwei zentralen Vorgängen zu beruhen, Erregung und Hemmung, wobei der eine so wichtig ist wie der andere."

Drei Jahre später, 1894, entdeckte Sherrington, daß Skelettmuskeln neben einer motorischen Innervierung über eine eigene sensorische Nervenversorgung verfügen. Im Muskel gibt es zahlreiche Propriorezeptoren, die Spannungszustände des Muskels registrieren und entsprechende Impulse an das zentrale Nervensystem senden, das z. B. die aktuelle räumliche Lage des Arms wahrnimmt und kontrolliert. Später entdeckte Sherrington freie Nervenendigungen, die dem Gehirn Schmerzreize zuleiten (Nozizeptoren). Aus zahlreichen Beobachtungen und Befunden entwickelte Sherrington das Modell vom integrativen Nervensystem, das die hochkomplexe Motorik koordiniert und steuert.

Sherrington war fest davon überzeugt, daß ein Physiologe auf der Grundlage anatomischer Strukturen forschen müsse. Ausgehend von eigenen anatomischen Untersuchungen versuchte er z. B. 1930, die Zahl und Kontraktionswerte einzelner motorischer Einheiten in Streckmuskeln zu bestimmen.

In seinen späteren Jahren wandte sich der „Philosoph des Nervensystems" mehr und mehr grundsätzlichen Fragen zu. In seinem Buch *Man on his Nature* (1940) teilte Sherrington einem größeren Publikum seine Reflexionen über das Gehirn und den Geist mit. Im Vorwort der zweiten Ausgabe von 1951 schrieb der 93jährige:

„Das Buch betont die Sicht, daß der Mensch wie vieles andere auch ein Produkt des Spiels der natürlichen Kräfte ist, die unter den vergangenen und gegenwärtigen Bedingungen auf der Oberfläche unseres Planeten auf die Materie einwirken."

Die zentralnervöse Erregung, schrieb Sherrington, ergreife keinesfalls die gesamte Hirnrinde. Denn diffuse Aktivität des Gehirns könne nicht koordiniertes Verhalten hervorbringen. Vielmehr gehe Verhalten aus zentralnervöser Integration hervor. Die integrative Funktion der Hirnrinde komme z. B. in ihren charakteristischen wie variablen Aktivitätsmustern zum Ausdruck. Der Experte auf dem Gebiet der Reflexe hielt es für ein universales Merkmal, daß Reflexbewegungen nicht vom „Ich" herrühren. Folglich, meinte er, müßten diejenigen, die alles Verhalten auf Reflexe zurückführen, in Kauf nehmen, daß nichts, was der Mensch tut, vom Ich ausgeht.

Was ist das Mentale überhaupt, was sind seine besonderen Merkmale? Schmerz hielt Sherrington für eine geistige Beigabe zu einem Schutzreflex. Der lokale Reflex sorgt dafür, daß ein verletzter Körperteil vor größeren Schäden geschützt wird. Zusätzlich kann Schmerz als mentaler Vorgang, der den körperlichen Reflex als Schutzmaßnahme des Organismus begleitet, Körperbewegungen stoppen, Muskeln gespannt halten und damit die Schutzmaßnahmen noch verstärken. Wie ein Brandmal präge sich Schmerz in das zeitliche Bewußtsein ein, so Sherrington, als etwas Unangenehmes und nicht zu Wiederholendes. Nun gebe es Tiere, die über Schmerzrezeptoren verfügen, jedoch nicht erkennbar über Geist. Bei diesen Tieren lösen die Rezeptoren denn auch nur Schutzreaktionen wie Verteidigung oder Flucht aus, allem Anschein nach jedoch keinen Schmerz. Bei Tieren, die Geist erkennen lassen, rufen Schmerzrezeptoren offenbar Schmerz hervor. Kurz gesagt, unter Schmerz träfen wir Geist an, wie er Materie bewegt, um sich selbst aus einer Notlage zu helfen. Schmerz bewegt als ein geistiger Zustand den Körper, etwas zu tun. Sherrington: „Mein tobender Zahn(schmerz) treibt mich zum Zahnarzt."

Wir sehen einen Stern. Als Beobachter unseres Sehvorganges können wir fast alle Details analysieren und immerhin vieles bereits verstehen – von photochemischen Reaktionen in den Stäbchen und Zapfen der Netzhaut bis zur Entstehung von Aktionspotentialen, die via Sehnerv in die Hirnrinde laufen. All dies, so Sherrington, sagt uns nichts über das Seherlebnis. Das Energie-Konzept vom Sehen hilft uns, die Vorgänge zu verstehen, von der Reizung der Netzhaut über die Verarbeitung der Signale in den Gehirnzentren bis zu jener Schwelle, an der die subjektive Wahrnehmung, das Erlebnis beginnt. An dieser Stelle verabschiedet sich das physikalische Weltbild und verläßt uns.

Ein anderes Beispiel. Sherrington beobachtet ein Flugzeug am Himmel, als plötzlich auf der Straße ein Kind weint. Unser Bewußtsein ist eine Folge bewußter Momente. Ein neuer bewußter Moment tritt ein, wenn etwas Neues wahrgenommen wird. Eine plötzliche Wahrnehmung, wie die des weinenden Kindes auf der Straße, ist zusammengesetzt aus einem Gehörten, einem Ort des Gehörten, einer Qualität des Gehörten usw. Die Schallwellen sind jedoch nur Vibration oder Energie. Wie kann die Schallenergie einen Bewußtseinszustand hervorrufen, der plötzlich wie etwas Fertiges, Reifes eintritt? Er muß irgendwie entstanden sein. Wie kam er zustande, aus was wurde er zusammengefügt? Es müsse Grade des Geistes geben, folgerte Sherrington, die wir nicht bewußt erleben, die unbewußt sind. Sherrington verwies als Beispiel auf körperliche Geschicklichkeit und Bewegungsabläufe, deren Koordination das Nervensystem scheinbar ohne Beteiligung des Bewußtseins erlernt hat. Der Geist sei entstanden, als die Integration der Motorik fortschritt. „Womit der Geist beschäftigt ist", meinte Sherrington, „ist nicht die Aktion, sondern das Ziel."

Wann und wo taucht Geistiges in der Welt auf? „Wir haben das Gehirn als ein System gesehen, das Eingangs- und Ausgangssignale gibt", schrieb Sherrington in *The Brain and its Mechanism*:

„Die Signale, die hineingehen, sind ebenso wenig mental wie die ausführenden Signale, die ausgegeben werden. Doch Signale, die auf gewissen Wegen im Gehirn verkehren, z.B. im großen neuen Nervennetz, scheinen sozusagen eine mentale Existenz zu erlangen, obwohl sie sie sogar vor dem vorletzten Ausgangsweg wieder verlieren. Keine mikroskopischen, keine physikalischen oder chemischen Methoden decken dort etwas radikal anderes auf als in Nervennetzen sonstwo. Alles ist wie sonstwo außer einer größeren Komplexität. (...) Es gibt, soweit ich weiß, in den chemischen, physikalischen Eigenschaften oder in der mikroskopischen Struktur keinen Hinweis auf einen fundamentalen Unterschied zwischen nicht-mentalen und mentalen Regionen des Gehirns."

Hat der Geist überhaupt einen Ort? Der Geist hat ein „wo", war sich Sherrington sicher, und zwar im Gehirn. Bestimmte mentale Vorgänge ereignen sich nach allen Anzeichen in eigenen Hirnregionen, wie etwa Riechen, Sehen oder Hören. Körperwahrnehmungen finden an spezifischen Stellen des somatosensorischen Cortex statt, die Auslösung willkürlicher Bewegungen offenbar an Orten des motorischen Cortex. Soweit zählen räumliche Beziehungen im Gehirn mental. Doch der Zusammenhang zwischen Orten im Gehirn und geistigen Prozessen erscheint variabel, und mentale Vorgänge, wie Denken oder Erinnern, sind durch wechselnde Aktivitäten verschiedener Hirnregionen repräsentiert.

Dagegen fallen mentale Vorgänge *zeitlich* präzise mit Nervenprozessen zusammen. Die Zeit scheint das Organisationsprinzip des Geistes zu sein. Das mentale „Jetzt" sei eine Einheit, meinte Sherrington, denn was immer ihre Inhalte sind, sie ergeben ein bedeutungsvolles Muster, jeweils ein „Jetzt". Was aber organisiert die Erfahrung des Augenblicks? Das *Selbst*, lautete Sherringtons Antwort. Das Selbst sei eine Einheit:

> „Die Kontinuität seiner Gegenwart in der Zeit, die manchmal durch Schlaf kaum unterbrochen wird, seine unveräußerliche „Innerlichkeit" im (sinnlichen) Raum, seine Konsistenz des Blickpunkts, die Privatheit seiner Erfahrung, geben ihm zusammengenommen den Status einer einzigartigen Existenz. Obwohl vielfältige Aspekte es charakterisieren, besitzt es einen Selbst-Zusammenhalt. (...) Die Logik der Grammatik vermerkt es mit einem Pronomen in der Einzahl. All seine Vielfalt geht in seinem Einssein auf."

Was tut das bewußte Selbst? Es begleitet als individuelles Bewußtsein Empfinden, Denken, Erinnern, Fühlen. Gedanken und Gefühle sind jedoch dem Energie/Materie-Konzept nicht zugänglich und befinden sich somit außerhalb der Naturwissenschaft. Das sei eigentlich katastrophal für die Biologie, so Sherrington, denn in ihr treffe man – sei es bei Primaten, sei es bei anderen Organismen – auf das Geistige, das ihr sofort wieder entschlüpft. Geistiges ist einfach nicht ihr Gegenstand. Die Biologie hat es im Grunde ausschließlich mit geistlosem Leben zu tun, das auf Chemie und Physik zurückgeführt wird.

„Daß unser Wesen aus zwei fundamentalen Elementen besteht", schrieb Sherrington im Alter von fast 90 Jahren im Vorwort der Ausgabe von 1947 von *The Integrative Action of the Nervous System*, „ist, vermute ich, an sich nicht unwahrscheinlicher als daß es auf nur einem beruht." Sherrington neigte aus pragmatischen Gründen der Ansicht zu, wir beständen aus Energie (oder äquivalent aus Materie) und Geist, doch er tat sich zeitlebens schwer mit einem dualistischen Standpunkt und der sich hieraus ergebenden, zutiefst rätselhaften Art der Beziehung zwischen beiden. „Die Dualität ist da; und die Kombination ist da, aber der Fuß, auf dem die Kombination beruht (...) ist für unsere Erkundigung noch zu suchen." Einen common sense-Dualismus auf die *Einheit* aus Leib und Seele anzuwenden, könne entweder als gesunder Menschenverstand oder als Oberflächlichkeit betrachtet werden oder vielleicht als beides. Sherringtons pragmatischer Dualismus darf nicht mit einem theologischen Dualismus verwechselt werden. Ragnar Granit betonte in seiner Würdigung Sherringtons, daß alle Versuche, Sherrington zur biologischen Rechtfertigung einer religiösen Offenbarung oder Wahrheit heranzuziehen, fehlgehen. In einer Rede, die Sherrington 1933 an der Universität Cambridge hielt, kam er zu dem Schluß, daß keine klare Beziehung zwischen Leib und Seele bestehe, „doch strenggenommen müssen wir die Beziehung zwischen Geist und Gehirn nicht nur als noch ungelöst betrachten, sondern auch als bar jeder Grundlage für einen Anfang."

Sherringtons Anhänger, schrieb John Fulton, waren enttäuscht über seine Skepsis, aber alle waren tief beeindruckt von dem Ignoramus (wir wissen nicht), das er am Ende seines 70jährigen Forscherlebens aussprach.

Geist könne durchaus bereits dem einzelligen Leben zu eigen sein – ja vielleicht sei Geist ein Attribut der Materie, auch der unbelebten Materie – wenngleich wir ihn auf dieser Stufe nicht erkennen können, vielmehr erst ab einer bestimmten Organisationsstufe eines Organismus. Demnach wäre das Auftauchen des Geistes im Tier und im Menschen keine Neuschöpfung von Geist, sondern ein Übergang vom unerkennbaren zum erkennbaren Geist.

Besitzen Pflanzen Geist oder Bewußtsein? Wissenschaftlich ist dies nicht zu entscheiden, doch unser *common sense* gesteht ihnen

Geist nicht zu. Es gebe einen angeborenen Drang zu leben (urge-to-live), glaubte Sherrington. Im Laufe der stammesgeschichtlichen Evolution sei der unbewußte Lebensdrang mit Bewußtsein „gewürzt" worden (zest-to-live). Der hinzutretende Geist führe den Lebensdrang aus, verstärke ihn noch. Lebenshunger, Eros.

Der bislang unbewußte Egoismus wird mit Bewußtsein ausgerüstet und auf diese Weise noch weitaus wirkungsvoller. Er kann sogar in einen rücksichtslosen Willen umschlagen. Überdies glaubte Sherrington, eine Superstruktur im Gehirn für Gefühle sei nicht notwendig. Wahrscheinlich benötigten Gefühle chemische Verstärker. Er erinnerte daran, daß jeder kognitive Vorgang mehr oder weniger emotional eingefärbt ist. Der Drang zu leben halte Gefühle und Denken zusammen. Menschliches Erkenntnisstreben könne zwar wie ein geflügeltes Pferd zu den Sternen fliegen und zeitweilig seinen Körper vergessen. Doch es sei vor den Wagen des Lebens angespannt, dessen Fahrer Lebenshunger ist. Und der zieht am selben Strang wie der Wille und alle Bemühungen, Gefühle und Leidenschaften.

Ist menschlicher Geist erst einmal aufgetreten, ereignet sich das nächste Wunder:

„Der Geist, wie wir ihn kennen, ist begrenzt und individuell, er ist individuell isoliert und hat keine direkte Verbindung mit dem Geist anderer [Menschen]. Letzterer ist auch wieder individuell und jeweils begrenzt und isoliert. Mit Hilfe des Gehirns, einer Liaison zwischen Geist und Energie, erlangt der begrenzte Geist eine indirekte Liaison mit dem begrenzten Geist anderer in der Umgebung. Energie ist das Medium dieser indirekten, aber einzigen Liaison von Geist zu Geist. Die Isolation des einen begrenzten Geistes vom anderen begrenzten Geist wird auf diese Weise indirekt und mittels Energie überwunden."

Hinter dem Auftauchen des individuellen Geistes liegt am Horizont die nächste Entwicklungsstufe, die Verbindung von individuellem Geist mit individuellem Geist. Denn der individuelle Geist sehnt sich nach Verbindung. Die Kommunikation zwischen Geist und Geist, so sein Argument, schaffe neuen Geist. Der Geist eines Menschen ist in der Lage, sich mit dem eines anderen Menschen zu verbinden, mit ihm zu kommunizieren und mit ihm zusammenzuarbeiten. Wie aber kann das geschehen? Es ist ganz banal und doch großartig:

„Die Sprache veranschaulicht die indirekte Liaison von begrenztem Geist zu begrenztem Geist mittels Energie. Ich habe die Frage gelesen: Warum sollte der Geist einen Körper haben? Die Antwort könnte lauten, um zwischen ihm und anderem Geist zu vermitteln. Man kann philosophisch spekulieren und dies als raison d'être für Energie in diesem Schema der Dinge unterstellen. Energie wird bereitgestellt als Medium für die Kommunikation von begrenztem Geist und begrenztem Geist."

Das Erleben des Selbst erreicht nach Sherrington seinen Gipfel im Mitleiden, d.h. darin, das Leiden eines anderen Menschen so zu erleben, als wäre es eigenes Leiden. Das sei die zutiefst menschliche Gabe, wenn das Selbst ein Leiden außerhalb seines Selbst wahrnimmt und es als eigenes Leiden erlebt.

„Aus allen diesen Gründen läßt unser hirnanatomischer Befund Lenin als einen Assoziationsathleten erkennen."

Cécile und Oskar Vogt
(1875–1962, 1870–1959)

„Man konnte es nicht einen Empfang nennen, oder gar eine Abendgesellschaft, das hätte zu großspurig geklungen und auch gar nicht in die Zeit gepaßt. Aber es hatten sich doch ein gutes Dutzend Gäste eingefunden, die in der engen Wohnung des Professors Minor an der Twerskaja den Artikel feierten, der am Morgen in der Prawda erschienen war. Vogt war der Held, der unbestrittene Mittelpunkt dieses Abends, und er nahm alle Komplimente mit der Gelassenheit eines Siegers, den nur wundert, daß seine Gegner überhaupt angetreten waren.

‚In der Prawda', riefen die Assistenten Sapir und Sarkissow im Chor, ‚Ihre Arbeit wurde in der Prawda gewürdigt.' Vogt schob seine Daumen unter die silbergewirkte Weste. ‚Unsere Arbeit, meine Herren', sagte er, zog dann das vorgestreckte Kinn zurück und nickte in die Runde, ‚darauf muß ich bestehen, es war die Leistung eines Kollektivs, ganz im Sinne des Mannes, mit dem uns zu beschäftigen wir die Ehre hatten, und wenn ich sage wir, dann bitte ich Sie, darüber nicht die anwesenden Damen zu vergessen, die uns inspiriert, beflügelt und ...', er blickte nacheinander Frau Sapir und Frau Sarkissow in die Augen, ‚die uns die Freude am Leben erhalten haben. Ich erlaube mir, auf das Wohl unseres Kollektivs mit allen seinen erfreulichen Weiterungen das Glas zu heben. Na sdarowje!'

‚Prost', antworteten die russischen Kollegen.

‚Ein Artikel in der Prawda', schwärmte Idalija Popow, ‚ein Artikel über unsere Arbeit am Hirn Lenins, das ist nicht nur irgend so ein Bericht, das ist eine öffentliche, eine höchst offizielle Würdigung, fast schon ein Befehl, energisch unseren Pfad der Forschung weiterzuverfolgen.'

‚Natürlich stehen wir erst am Anfang unserer Untersuchungen', sagte Vogt, ‚doch das Fundament ist gelegt.'
Irgend jemand warf ein Glas in den offenen Kamin, wo es fröhlich zersprang. ‚Er sagt am Anfang, hört ihr, er sagt am Anfang', Assistent Sapir brach in schluchzendes Lachen aus, ‚nach mehr als 30 000 Hirnschnitten, lückenlos in Paraffin gelegt, nach der Arbeit von fast zwei Jahren, der Arbeit von Titanen, sagt unser Professor Vogt: Ich bin erst am Anfang! Ich könnte Sie küssen.' (...)
‚Vortrefflich hat mir Ihr Vergleich mit der Musik gefallen', wandte sich Professor Minor an Vogt, ‚die Stelle, an der Sie über Lenins Denken sagen, es müsse wie eine Welle von Tönen gewesen sein, die sich miteinander verflechten, sich rasch ablösen und dann zu einer mächtigen Harmonie vereinigen. Das ist so poetisch, so plastisch gesagt und trifft doch genau, wie Lenin selber empfunden hat. Wir kannten seine plötzlichen Wechsel der Tempi, das Stakkato seiner Stimme und auch seine Lust an Dissonanzen, die nur er allein aufzuheben wußte.'
Vogt senkte bescheiden den Kopf.
‚Ganz besonders die Schnelligkeit des Denkens', sekundierte Sapir. Er schlug mit der rechten Faust auf die linke Handfläche, ‚Bystro-bystro-bystro', rief er zu jedem Aufprall, ‚weg, Schluß, fort mit den Feinden. Sie haben das hervorragend formuliert in Ihrem Vortrag, ‚Schnelligkeit der Gedankenauffassung' haben Sie gesagt, auf deutsch, verzeihen Sie mir, klingt das noch viel zu langsam, aber ich hatte einen Kollegen an der Universität Göttingen, der rief bei solchen Gedanken immer: potz Blitz. Genauso hat Lenin gedacht und gehandelt, potz Blitz, immer potz Blitz. Darin liegt seine historische Größe, das begründet seine Unsterblichkeit. Und wir können es nachvollziehen, an seinen Taten und in seiner Hirnrinde. In jedem der 31000 Schnitte, ganz besonders, wie Sie uns gelehrt haben, angesichts dieser unvergleichlich schönen Pyramidenzellen.'"

Was Tilman Spengler in seinem Roman *Lenins Hirn* ironisch satirisch erzählt, beruht immerhin auf einem wahren Hintergrund. Oskar Vogt, Direktor des Kaiser-Wilhelm-Instituts für Hirnforschung in Berlin, erhält Anfang 1925 ein Schreiben aus Moskau. Professor Minor, Nestor der Kommission für die Untersuchung des Gehirns Lenins, bittet den deutschen Hirnforscher im Namen der Sowjetregierung, Lenins Gehirn in Moskau zu untersuchen. Zugleich erhalte er, Vogt, die Gelegenheit, sich am Aufbau eines modernen Staatsinstituts für Hirnforschung zu beteiligen. Bei der Obduktion Lenins, der am 21. Januar 1924 verstorben war, hatte man das nach mehreren Schlaganfällen schwer verletzte Gehirn entnommen und konserviert. Die deutsche Regierung, bestrebt, die deutsch-sowjetischen Beziehungen auszubauen, spricht sich ausdrücklich für das Unternehmen aus. Vogt bezieht in Moskau eine im neurussischen Stil erbaute Villa, die zum „Institut zur Erforschung des Gehirns von Lenin" umfunktioniert wird. Vogts technische Assistentin Margarete Woelcke fertigt aus dem in Paraffin eingebetteten Gehirn mehr als 30 000 lückenlose Serienschnitte an. Ein Soldat schiebt Tag und Nacht vor dem Panzerschrank mit Lenins Hirn Wache.

Mitte 1927 präsentiert Oskar Vogt erste Ergebnisse der Untersuchungen der Gehirnschnitte. Lenin habe „in der dritten Rindenschicht und speziell in den tieferen Gebieten dieser Schicht in vielen Rindenfeldern Pyramidenzellen von einer sonst nie beobachteten Größe bzw. größte Pyramidenzellen in einer sonst nie beobachteten Zahl" besessen. Am 10. November 1929 hält Vogt einen Vortrag im *Pantheon der Gehirne* des Moskauer Instituts. Zwar sei die linke Gehirnhälfte zu großen Teilen zerstört, doch die rechte Hälfte habe die Ausfälle kompensiert. Vogt wirft auch gleich die Frage mit auf, ob die großen Zellen ein Artefakt sein könnten, was er jedoch verneint. Er kommt zum Ergebnis:

> „Aus allen diesen Gründen läßt unser hirnanatomischer Befund Lenin als einen Assoziationsathleten erkennen. Speziell machen uns diese großen Zellen das von allen denjenigen, die Lenin gekannt hatten, angegebene außergewöhnliche schnelle Auffassen und Denken Lenins, sowie das Gehaltvolle in seinem Denken oder – anders ausgedrückt – seinen Wirklichkeitssinn verständlich."

Kurioserweise hat Vogts Mitarbeiter Korbinian Brodmann einige Jahre zuvor noch größere Pyramidenzellen ausgerechnet beim Wickelbären und Löwen gefunden. Nach heutiger Kenntnis besitzen Pyramidenzellen in erster Linie motorische Funktion. Jochen Richter von der Akademie der Wissenschaften der DDR gestand 1976, es gebe „im Einzelfall keine Möglichkeit, feinanatomische Befunde mit komplexen psychischen Leistungen direkt in eine Bezie-

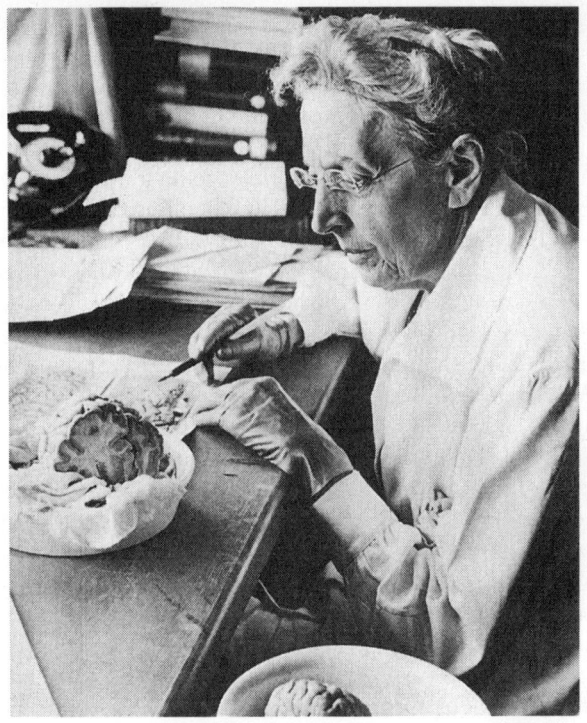

Cécile Vogt bei der Bestimmung von Funktionszentren im Gehirn, um 1944

hung zu setzen". Der Frankfurter Hirnforscher Wolf Singer meinte 1995, dem Gehirn lasse sich auch mit den heute verfügbaren, erheblich verfeinerten Meßverfahren seine Begabung immer noch nicht ansehen. Bis heute gibt Vogts Diagnose des „Assoziationsathleten" Anlaß zu Spekulation und Spott. Die Autorin Helga Satzinger merkt in einer Fußnote an: „Den vielleicht passendsten Kommentar zu meinen Berichten über die Untersuchung von Lenins Gehirn machte die indische Ärztin C. Sathyamala. „Und", fragte sie, „fanden sie unterm Mikroskop kleine rote Fäuste?"

Oskar Vogts Lebenswerk als Gehirnforscher ist untrennbar mit dem seiner Frau Cécile Vogt, geb. Mugnier, verbunden. 60 Jahre lang arbeiteten beide eng zusammen. Die Pariser Neurologin, die seinen

Namen zeitlebens mit aspiriertem O aussprach, zog zu ihm nach Berlin, um in Vogts privatem Labor zu forschen, das 1902 der Universität angegliedert wurde. 1915 ging daraus das Kaiser-Wilhelm-Institut für Hirnforschung hervor, das 1931 einen eigenen Neubau in Berlin-Buch erhielt. Cécile und Oskar Vogt suchten im Gehirn nach anatomischen Entsprechungen (Korrelaten) seelischer Phänomene. Sie setzten in dem damals weltweit größten Institut für Hirnforschung ein einzigartiges, interdisziplinäres Forschungsprojekt in Gang. Unter politischem Druck der Nationalsozialisten verließ das Paar 1937 Berlin und baute im Schwarzwald ein privates Forschungsinstitut auf, „das Gehirnschloß", wie es die Bauern dort mit etwas gruseligem Unterton nannten. An dieser Forschungsstätte, wo sie auch Verfolgte des Naziregimes aufnahmen, führten die beiden ihre Arbeit fort, geleitet von dem Ziel, eine „Wechselbefruchtung zwischen Hirnanatomie und Psychologie" zu erreichen.

Cécile Mugnier wurde am 27. März 1875 in Annecy im französischen Savoyen geboren. Ihr Vater, ein Armeeoffizier, starb, als sie zwei Jahre alt war. Ihre Mutter, eine „unabhängige Denkerin", war aus der katholischen Kirche ausgetreten. Sie gestattete ihrer Tochter, daß sie sich nach der Töchterschule mit Privatunterricht auf das Abitur vorbereitete. Daraufhin enterbte ihre wohlhabende Tante Cécile, die ihre Nichte lieber im Kloster gesehen hätte. In ihrer Abiturarbeit kritisierte Cécile das in den 1870er Jahren errichtete Dogma über die Unfehlbarkeit des Papstes. Dies zeige, so Helga Satzinger, „daß die spätere Hirnforscherin bereits damals göttliche Eingebung nicht für eine entscheidende Größe bei Bewußtseinsprozessen hielt".

Cécile nahm 1893 ihr Medizinstudium in Paris auf, wo Frauen seit 1867 zugelassen waren. 1896/97 erwarb sie den Status einer Assistentin und arbeitete ein Jahr in der Klinik Bicêtre unter dem Neurologen Pierre Marie, einem Schüler von Paul Broca und Mitarbeiter von Jean Martin Charcot. Cécile Mugnier gehörte zu den ersten Neurologinnen. Neurologie war für Frauen ein besonders heikles medizinisches Gebiet, denn die Hysterie, die seelische Erkrankung der Zeit, erklärten Neurologen, sei eine reine Frauenkrankheit. Zudem glaubten sie, die intellektuelle Unterlegenheit der Frau sei mit ihrem leichteren Gehirn erwiesen.

Anfang 1898 begegnete Cécile Mugnier dem jungen Nervenarzt Oskar Vogt aus Berlin, der in der Pariser *Société de Biologie* vortrug. Im Oktober besuchten sie beide als Verlobte eine Tagung der mittel-

Oskar Vogt, Direktor des Kaiser-Wilhelm-Instituts für Hirnforschung, im Jahre 1928

deutschen Psychiater und Neurologen, sie als „einzige Dame". Nach bestandenem Staatsexamen heiratete sie Oskar Vogt in Berlin im März 1899. Der deutsche Nervenarzt, der soeben in Berlin eine privatwirtschaftliche „Neurobiologische Zentralstation" in einem Mietshaus gegründet hatte, bot ihr die einzigartige Chance der Zusammenarbeit in der Forschung. Hätte Vogt eine Karriere an der Universität angestrebt, dann hätte die Aussicht für Cécile Mugnier höchstens darin bestanden, seine privat mitarbeitende Ehefrau zu sein, unsichtbar in seinem Schatten. Wie benachteiligt Frauen im Wissenschaftsbetrieb waren, zeigt sich daran, daß sie als Frau in den ersten Jahren in Deutschland kein Rederecht auf wissenschaftlichen Tagungen hatte. Zutritt erhielt sie nur, weil Oskar Vogt seine Teilnahme an die Bedingung knüpfte, daß auch sie teilnahm.

Cécile Vogt promovierte 1900 in Paris mit einer Arbeit über die Ausbildung von Markscheiden der Nervenfasern des Großhirns, in der sie die Lehre des Leipziger Psychiaters Paul Flechsig kritisierte. Hierfür erhielt sie die ärztliche Approbation, die man erst 20 Jahre später in Berlin anerkannte.

Oskar Vogt stammte aus dem schleswig-holsteinischen Husum, wo er am 6. April 1870 als ältestes von fünf Kindern geboren wurde. Als der Vater, ein protestantischer Pfarrer, 1879 starb, brachte das die Familie in eine angespannte wirtschaftliche Lage. Husumer Bürger stifteten der Witwe mit ihren Kindern ein Haus. Fasziniert von der Variabilität der Insekten, legte der Gymnasiast eine Hummelsammlung an. Gegen Ende seines Lebens war sie mit 300.000 Tieren eine der größten der Welt. Ferdinand Tönnies, sein „erster wahrer Lehrer", weckte sein Interesse für Psychologie und Philosophie.

Im Jahr 1888 nahm Oskar Vogt das Studium der Psychologie in Kiel auf und wechselte wenig später zur Medizin. Techniken der Zell- und Gewebeforschung lernte er bei Walther Flemming, dem Entdecker der Zellteilung (Mitose). 1890 zog Vogt nach Jena, dem mit Ernst Haeckel einflußreichen Zentrum biologischer Forschung in Deutschland. 1893 erhielt er dort die ärztliche Approbation, Ende 1894 promovierte er über den Verlauf der Nervenfasern des Balkens. Erste Station seiner beruflichen Laufbahn war die psychiatrische Klinik in Jena.

Im Sommer 1894 hielt er sich bei August Forel in Zürich auf, dem Direktor der psychiatrischen Klinik Burghölzli. Gleich bei der ersten Begegnung der beiden kritisierte Vogt eine gehirnanatomische Arbeit des 22 Jahre älteren Neurologen als fehlerhaft. Forel beschrieb die Begegnung in seinen Lebenserinnerungen:

„Im Juli 1894 besuchte mich ein junger Arzt namens Dr. Oskar Vogt. Er bat mich, meine Kliniken, meine Vorlesungen und mein Laboratorium (letzteres war allerdings, wie gesagt, bedenklich verödet) besuchen zu dürfen und sagte mir etwa folgendes: ‚Herr Professor, ich habe ziemlich viel hirnanatomische Studien gemacht, speziell über den Fornix (einen Gehirnteil), und ich habe gefunden, daß Sie sich da sehr geirrt haben. Ich möchte Ihnen die Sache zeigen.' In der ersten Sekunde kam mir diese Art, sich bei mir einzuführen, etwas sonderbar vor, und ich hatte einen Augenblick innern Aerger; doch ließ ich es nicht merken und sagte zu ihm: ‚Nun gut, wir wollen die Sache zusammen anschauen und wenn Sie recht haben, sollen Sie meine Irrtümer nur gründlich und ungeniert widerlegen.' Er zeigte mir in der Tat eine Reihe sehr guter Gehirnpräparate, und ich mußte mich überzeugen, daß er recht hatte. Seine ungeschminkte Art und vor allem seine wissenschaftliche Objektivität imponierten mir sehr, da sie wohltuend mit den höflichen Schmeicheleien oder Lobhudeleien kontrastierten, so daß wir bald gute Freunde wurden."

Bei Forel lernte Vogt die therapeutische Anwendung der Hypnose und zeigte sich so begabt, daß Forel ihm die Redaktion der *Zeitschrift für Hypnotismus* übertrug. Das Blatt, ab 1902 unter dem Titel *Journal für Psychologie und Neurologie*, wurde zur hauseigenen Zeitschrift von Cécile und Oskar Vogt.

Im Oktober 1894 kam Oskar Vogt als Assistent an die Leipziger Psychiatrische und Nervenklinik. Nach einem halben Jahr kündigte ihm sein Chef Paul Flechsig. Dem preußischen Ministerium für Medicinalangelegenheiten schrieb Flechsig, er habe Vogt wegen „Eigenmächtigkeiten" gekündigt, da er „z.B. das Wartepersonal besonders weiblichen Geschlechts viel hypnotisierte". Dies konnte so verstanden werden, als habe er sexuelle Handlungen an hypnotisierten Pflegerinnen vorgenommen. Die Kranken der Klinik, so Flechsig weiter, hielten Vogt für „verrückt, weil er mit fanatischem Eifer zu erweisen trachtet, daß jeder Mensch hypnotisierbar sei. Letzlich hilft er mit Ohrfeigen nach (...)" Er sei „zweifellos eine pathologische Persönlichkeit, ein Degeneré (!)". Die Verleumdung Vogts diente einem bestimmten Zweck. Flechsig wollte verhindern, daß Vogt die Konzession für den Aufbau einer „hypnotischen Klinik" nebst Forschungseinrichtung in Leipzig erhielt. Rolf Hassler zufolge, einem späteren Mitarbeiter Vogts, hatte Flechsig im Jahr 1894 sogar unveröffentlichte Ergebnisse aus Vogts Doktorarbeit als eigene ausgegeben. Mehr noch, als Vogts Dissertation erschien, bezichtigte er den frischen Doktor des Plagiats. Ein paar Jahre später versuchte Flechsig vergeblich, die Gründung des Neurobiologischen Laboratoriums an der Berliner Universität zu hintertreiben.

Als Vogt 1896 an einem Heilbad im einsamen Kurort Alexandersbad nahe Wunsiedel in Oberfranken arbeitete, lernte er zwei Menschen kennen, die seine wissenschaftliche Karriere ungemein beförderten, spirituell wie materiell. Der eine war der Arzt Korbinian Brodmann, der später ein höchst produktiver Mitarbeiter der Vogts in Berlin wurde. Der andere war der Industriemagnat Friedrich Alfred Krupp. Oskar Vogt wurde Krupps Nervenarzt und Freund und gewann seine einflußreiche Unterstützung für den Aufbau des Kaiser-Wilhelm-Instituts für Hirnforschung. Vogt wurde ein so enger Vertrauter Krupps, daß er 1902 sogar die Testamentsangelegenheiten Krupps regelte. Auch seine Einkommenslage verbesserte sich durch Krupp deutlich.

Cécile und Oskar Vogt bekamen zwei Töchter. Da sie Dienstboten und Kindermädchen hatten, mußte Cécile ihre wissenschaftliche Arbeit nicht aufgeben. Beide Töchter arbeiteten später in der medizinischen Forschung.

1901 begann Korbinian Brodmann seine Forschungstätigkeit bei ihnen. Während Brodmann Strukturmerkmale aus der räumlichen Anordnung der Nervenzellen ableitete, untersuchten die Vogts deren Verbindungen. Als Ergebnis gliederten sie die Großhirnrinde in 200 Felder.

Aus der privaten „Neurobiologischen Zentralstation" in der Magdeburger Straße 16 ging 1902 das „Neurobiologische Laboratorium der Universität" hervor und 1915 das Kaiser-Wilhelm-Institut für Hirnforschung. Oskar Vogt steuerte etwa 50 000 Mark eigene Mittel bei. Bedingt durch Krieg, Nachkriegszeit und Inflation war die Finanzierung der Einrichtung sehr unsicher.

Von 1925 bis 1930 war Vogt am Aufbau des Staatsinstituts für Hirnforschung in Moskau beteiligt und Institutsleiter. Eines Tages forderten russische Stellen den Direktor auf, sich einer Prüfung in dialektischem Materialismus zu unterziehen, so Herwig Hamperl in seinen Erinnerungen, womöglich um ihn zum Rücktritt zu bewegen. Vogt ließ sich jedoch auf die Prüfung ein, bestand und blieb noch einige Jahre länger Direktor.

Am 2. Juni 1931 wurde in Berlin-Buch das Kaiser-Wilhelm-Institut für Hirnforschung in einem neu errichteten Gebäude eingeweiht, das Oskar Vogt geplant und die Rockefeller-Foundation mit unterstützt hatte. Bereits zwei Jahre später durchsuchten SA-Einheiten das Institut. In einem Schreiben der Gestapo hieß es:

„Herausfordernde Bemerkungen des Institutsdirektors und seines Anhanges über die SA und den Nationalsozialismus, seine immer wieder zutage tretenden Begünstigungshandlungen Juden gegenüber, die Unterlassung der Unterbindung bzw. die stillschweigende Duldung kommunistischer Propaganda und die Beschäftigung von Ausländern hatten einen Spannungszustand geschaffen, der in irgendeiner Form eine Auflösung finden mußte."

Im Jahr 1937 versetzte man den Unliebsamen kurzerhand in den Ruhestand. Daraufhin übersiedelten die Vogts mit einigen Mitarbeitern nach Neustadt im Schwarzwald, wo sie aus eigenen und fremden Mitteln das „Institut für Hirnforschung und allgemeine Biologie" gründeten. Als Schwerpunkt der Forschung gaben sie die Pflege der „somatischen (körperlichen) Seite der Leib-Seele-Erscheinungen" an.

Im Jahr 1938 wies Oskar Vogt offen die Vererbungsforschung von Ernst Rüdin an psychiatrisch Kranken als „sehr einseitig" zurück, da sie nicht neue biologische Erkenntnisse berücksichtige. Sie wirke sich „nach Ansicht vieler unheilvoll aus, wenn sie zur Grundlage der Gesetzgebung wird". Cécile Vogt wandte sich bereits 1925 gegen Alfred Hoche und Karl Binding, die 1920 ein Plädoyer für *Die Freigabe der Vernichtung unwerten Lebens* veröffentlichten. Die Autoren gingen davon aus, daß psychiatrische Krankheiten keine materielle Basis hätten und es daher keine Therapie für sie gäbe. Cécile Vogt griff als Neurologin diese Prämisse an. Sie hatte nachgewiesen, daß bei der Erkrankung *Chorea Huntington* eine Region im Gehirn strukturell verändert war. Damit gab es theoretisch einen Ansatzpunkt für eine physikalische oder chemische Therapie.

An ihrem Schwarzwälder Institut arbeiteten die beiden bis ins hohe Alter. An seinem Lebensabend widmete sich Oskar Vogt Alterserscheinungen im Gehirn. Er kam zum Ergebnis, daß geistige Tätigkeit das Altern der Gehirnzellen verzögern kann. Darauf regte er sogar an, die Pensionierung von Beamten zu verschieben und ältere Staatsdiener mit anderen Tätigkeiten zu betrauen. Oskar Vogt starb 1959, Cécile Vogt 1962.

Gegen Ende des 19. Jahrhunderts erhielten Modellvorstellungen vom Gehirn einen politischen Anstrich. Man stritt über Modelle des Gehirnaufbaus wie um politische Ansichten über die Organisation des Gemeinwesens. Die Frage kam auf, ob das Großhirn hierarchisch oder aber gleichberechtigt (egalitär) organisiert war, ob es von oben nach unten oder von unten nach oben funktionierte. Vertreter der beiden konkurrierenden Modelle, die einen politischen Konflikt im deutschen Kaiserreich widerspiegelten, waren Paul Flechsig und Theodor Meynert.

Paul Flechsig verglich ganz offen sein Modell mit der staatlichen Monarchie. Drei hierarchisch organisierte Assoziationszentren standen über Projektionszentren. Ein oberstes Assoziationszentrum nahm die Stellung eines Kaisers ein, das alle Entscheidungen traf. Ein mittleres Assoziationszentrum trug Informationen über die Lage bei und hatte so einen gewissen Einfluß auf die Entscheidungen. Ihm entsprach der engste Beraterkreis des Kaisers oder der alte Landadel. Darunter gab es ein koordinierendes und ausführendes Assoziationszentrum, im Staat die Minister und höchsten Beamten. Im Projektionszentrum, im machtlosen Parlament, kamen alle möglichen Stimmen zu Wort, doch ohne Einfluß auf die Entscheidungen. In einer populären Darstellung hieß es, die Hirnfunktionen folgten dem Grundsatz Moltkes „Getrennt marschieren und vereint schlagen".

Im Modell Theodor Meynerts und Cécile und Oskar Vogts war das Großhirn republikanisch organisiert. Oberstes Entscheidungsgremium war der gesamte Cortex, seiner Funktion nach eine Art republikanisches Parlament. Projektionsfasern leiteten Sinneseindrücke über die tieferen Hirnteile in den Cortex, wo sie durch Assoziationsfasern vielfältig verknüpft wurden. Demnach brachten Projektionsfasern Anliegen von unten ein, die im Cortex untereinander abgestimmt wurden. Die Verknüpfungen sorgten für die „Ordnung des Denkens und der koordinierten Bewegung bzw. Handlung". Bewegungen, Handlungen, Sprechen und Denkvorgänge sollten vom Cortex über nach außen verlaufende Projektionsfasern veranlaßt werden. Hierarchien und Zentren gab es in diesem Modell im Cortex nicht. Oskar Vogt vermutete in der gesamten Hirnrinde Zentren für intellektuelle Parallelverarbeitung, die über Fasern mit einem emotionalen Zentrum verknüpft waren. Folglich setzte sich die Psyche aus Intellekt und Gefühl zusammen. Nach Helga Satzinger lassen sich klassische Geschlechterrollen in Vogts Modell unterbringen, eine männlich besetzte, intellektuelle Rolle in der Öffentlichkeit (Cortex) und eine weiblich besetzte, emotionale Rolle im Privaten (subcorticale Strukturen).

Den Zugang zum rätselhaften Gehirn sahen Cécile und Oskar Vogt in der genauen Erforschung seiner Strukturen. Noch ihrer letzten gemeinsamen Publikation stellten sie ein lateinisches Wort aus dem 17. Jahrhundert voran, das übersetzt lautet: „Die Anatomie ist der Schlüssel und das Steuerruder der Medizin." Eine erste, bis heute gebräuchliche Teilung des Hirngewebes ist die von Franz Joseph Gall eingeführte weiße und graue Substanz. Die weiße Substanz besteht aus den langen Fasern der Nervenzellen, d.h. aus ihren Axonen, während die Zellkörper und ihre kurzen Fortsätze die graue Substanz bilden. In der Zeit bis 1911 unterschied man einfach zwischen Nervenzellen und Nervenfasern, wobei die Zellen in der grauen Substanz lagen und Fasern in der grauen und weißen Substanz. 1902 erkannten die Vogts, daß die graue Substanz aus der nur wenige Millimeter mächtigen Hirnrinde, dem *Cortex*, besteht sowie aus den darunter liegenden subcorticalen Strukturen des Großhirns. Korbinian Brodmann entdeckte 1903, daß die Großhirnrinde aus sechs Zellschichten besteht. Daneben gibt es sogenannte Kerne aus dicht gepackten, ungeschichteten Nervenzellen. Er färbte mikroskopische Schnittpräparate des Cortex mit Hilfe der Färbetechnik von Nissl an und fand unterscheidbare Areale der Hirnrinde. 1909 präsentierte er eine *Vergleichende Lokalisationslehre der Großhirnrinde in ihren Prinzipien dargestellt auf Grund ihres Zellenbaues*.

Cécile und Oskar Vogt begründeten eine *Cytoarchitektonik*, nach der sich angefärbte Gewebebezirke unter dem Mikroskop strukturell unterscheiden lassen. Im Jahr 1911 fand Cécile Vogt im Gehirn von Menschen, die unter spastischen Bewegungsstörungen litten, auffällige Veränderungen in der Ausbildung der Markscheiden des Streifenhügels. Der Streifenhügel erwies sich als Organ der Bewegungskoordination. In der Folgezeit schickte man Gehirne verstorbener Patienten von überall her an das Berliner Institut. Die Vogts bezeichneten später die Erkrankungen, die durch bestimmte Veränderungen des Streifenhügel-Systems gekennzeichnet sind, als verschiedene Formen der *Chorea*. Ab 1911 verlegten sich die beiden auf die Präparation, Anfärbung und Untersuchung der Markfasergewebe.

Vogts und Brodmanns Einteilung der Hirnrinde und subcorticaler Strukturen nach dem Zellaufbau bedeutete einen enormen Fortschritt. Sie unterstützten Lokalisationstheorien des 19. Jahrhunderts dadurch, daß sie strukturelle Befunde lieferten, die als Grundlagen für psychische Funktionen in Frage kamen. Die Neuroanatomie der Vogts habe auf eine Lokalisationslehre gezielt, meint auch Olaf Breidbach. Überzeugt, daß Unterschiede im Bau solche der Funktion anzeigten, nannten sie ihre Anatomie „funktionelle Anatomie".

Ab 1903 führten die Vogts Hirnrindenreizungen an Affen und anderen Tieren durch, um den gefundenen Strukturen mögliche Funktionen zuzuordnen. Sie stellten aber auch fest, daß ein erregbares Areal unerregbare Regionen enthielt, ohne dort strukturell differenziert zu sein. Überdies ließen sich in verschiedenen Arealen gleiche Bewegungsreaktionen auslösen. Damit entsprach ihre cytoarchitektonische Gliederung nicht einer funktionellen. Am Ende mußten sie zugestehen, daß sie die Funktionen der Felder nicht kannten.

Der Hirnforscher Wolf Singer meint, die Grundlagen für die heute nahezu abgeschlossene anatomische und funktionelle Kartierung der Hirnrinde seien damals in Berlin erarbeitet worden. Die Gehirnkartierungen erwiesen sich jedoch als problematisch, wie beide feststellten. Sie hatten gefunden, daß die Furchen des Gehirns „keinen einzigen sicheren Schluß auf die genaue Lage oder Ausdehnung irgendeines architektonischen Rindenfeldes" zuließen. Zudem unterscheiden sich menschliche Gehirne individuell stark in ihrem Muster aus Furchen und Windungen. Eigentlich müßte man jedes einzelne Gehirn kartieren. So forderten Cécile und Oskar Vogt denn auch eine „Individualanatomie". Seit 1938, so Helga Satzinger, stand fest, daß eine einzige aussagefähige architektonische Hirnkarte unmöglich war. Doch bei aller Fehlerhaftigkeit enthielten ihre Gehirnkarten die Botschaft, geistige Funktionen seien an bestimmten Stellen zu lokalisieren.

Anhänger des Konzeptes von der Körpergebundenheit des Geistes und der Geisteserkrankungen nahmen die Hirnkarten Brodmanns und der Vogts wohlwollend an. Der Psychiater Karl Jaspers dagegen lehnte diese Ansicht ab und sah in den Bildern der Hirnareale keinerlei „seelische Elementarfunktionen, die lokalisierbar wären". Jaspers unterschied zwischen lokalisierbaren „Nervenkrankheiten" und nicht lokalisierbaren psychischen Erkrankungen. Er verglich die Vogtschen Areale mit Sternennebeln im Weltall, die sich einer letzten Erklärung entzögen.

Nach Ansicht französischer Neurologen war das Bewußtsein ein

„ensemble des reflexes". Bewegungen waren schlicht die sich äußernden Teile von Bewußtseinsvorgängen. Da das Nervensystem vererbt wurde, sollte die Vererbungsforschung weitere Zusammenhänge aufklären. Angeregt durch die Frage, inwieweit Strukturen innerhalb einer Art variieren und diese Varianten erblich sind, wandte sich Oskar Vogt später wieder seiner alten Leidenschaft zu, der systematischen Untersuchung der Farbvarianten bei Hummelarten.

Im Jahr 1895 traf Oskar Vogt in Leipzig Wilhelm Wundt, den Begründer der experimentellen Psychologie in Deutschland. Wundt vertrat den *psychophysischen Parallelismus*. Demzufolge treten geistige Erscheinungen und physiologische Gehirnfunktionen parallel auf, ohne sich wechselseitig auch nur irgendwie zu beeinflussen. Physiologische Vorgänge, z.B. Nervenprozesse, riefen ebensowenig geistige Erscheinungen hervor wie umgekehrt. Nach dieser Vorstellung gab es keine Energieübertragung zwischen den beiden parallelen Ebenen der psychisch erfahrbaren und der physiologisch meßbaren Erscheinungen. Demgegenüber behaupteten Materialisten wie der Evolutionstheoretiker Ernst Haeckel oder der Psychiater August Forel, geistige Erscheinungen seien eine Eigenschaft der Materie, von der Organisationsstufe des Protoplasmas an. Der Geist sei an den lebenden Körper gebunden und mit ihm ein Produkt der biologischen Evolution. Geistige Erscheinungen wie „Lust" und „Unlust" seien – obwohl wir es nicht so empfinden – in Wirklichkeit identisch mit physiologischen Prozessen des Organismus. Die Philosophie der Vogts läßt sich am ehesten als „empirischer Parallelismus" kennzeichnen: eine pragmatische Herangehensweise an psychische und physische Prozesse, die sich – wie auch immer – entsprechen. Ihr Motto lautete: Jedem Psychischen ein Physisches. Als sie fanden, daß sich unbewußte Vorgänge durch Hypnose oder Suggestion, durch eine Art Energiezufuhr nach ihrer Vorstellung, bewußt machen ließen und daß psychische Vorgänge durchaus materielle Effekte im Gehirn hatten, ließen sie auch Wechselwirkungen zwischen Geist und Körper zu.

Die beiden Hirnanatomen bahnten einen originellen anatomischen Weg zur physiologischen Erforschung des Psychischen. Jedoch ließ die Wissenschaftsgeschichte den Forschungsansatz der Zell-Architektonik nicht aufgehen. Die Methode fand ihr Ende. Unbestreitbar wollten Oskar und Cécile Vogt den Menschen mit Hilfe von

Wissenschaft und Anthropotechnik (Peter Sloterdijk) verbessern. Sie sprachen von „Höherzüchtung des Menschen" und meinten „die Förderung sozial nützlicher und die Hemmung schädlicher Eigenschaften der einzelnen seelischen Persönlichkeit und (...) die Verhinderung sonst schicksalsmäßiger Entwicklungen zum Geisteskranken oder zum Verbrecher". Beide haben sich zwar niemals für Sterilisation als eugenische Maßnahme ausgesprochen; sie lehnten Eugenik aber auch nicht ausdrücklich ab.

Wir verstehen heute das Gehirn erst in groben Zügen, so etwa, wie im 17. oder 18. Jahrhundert Herz, Lunge oder Leber verstanden wurden. Immerhin sind zahlreiche Zusammenhänge zwischen Struktur und Funktion im Zusammenhang mit Gehirnerkrankungen bekannt geworden. In der Zukunft sind von weiter verfeinerten bildgebenden Verfahren Aufschlüsse über Hirnprozesse zu erwarten. Über zwei Anomalien nicht in Lenins, sondern in Einsteins Gehirn berichteten kanadische Neurowissenschaftler am 19. Juni 1999 in der angesehenen medizinischen Fachzeitschrift *Lancet*. Der Scheitellappen des Physikers war auf beiden Seiten 15 % größer als normal. Er spielt eine entscheidende Rolle beim räumlichen Vorstellungsvermögen und beim mathematischen Denken. Zudem war die Zentralfurche teilweise nicht ausgebildet, was man bislang in noch keinem Gehirn beobachtet hatte. Das könnte die Ausbildung von mehr Nervenzellen und -kontakten begünstigt haben, so Sandra Witelson, Leiterin der Untersuchungen.

*„It's Pearl, my girl on Broad Street
That I miss.
My hippocampus tells me this."*

James Papez (1883 – 1958)

Dr. Paul MacLean stößt in der Bibliothek am Massachusetts General Hospital in Boston auf einen Aufsatz mit dem Titel *Vorschlag für den Mechanismus der Emotion* (*A Proposed Mechanism of Emotion*). Neugierig überfliegt MacLean den Artikel. „Es war, als hätte ich plötzlich gefunden, wonach ich gesucht hatte", erinnert sich der Mediziner später, der mit Hilfe der Aufzeichnung von Gehirnwellen (EEG) über Epilepsie forscht. MacLeans Chef rät ihm, den Autor des Artikels an der Cornell Universität in Ithaca, New York, zu besuchen. Ein paar Tage später klopft MacLean an die Tür von Professor James Papez. Der Gehirnanatom erzählt ihm, er habe vor zehn Jahren, 1937, seinen Essay eher aus einer Laune heraus geschrieben, nachdem er erfahren hatte, daß in England Mittel zur Erforschung der Rolle des Gehirns bei Emotionen bereitgestellt worden waren. Dabei habe er den Eindruck gehabt, daß die Leute in England offenbar nicht alles kannten, was in diesem Zusammenhang bereits publiziert war. Und da habe er einfach seine Ansicht von der Sache zu Papier gebracht. MacLean ist fasziniert vom „odysseischen Navigator des Gehirns".

Als MacLean 1949 über *Psychosomatische Erkrankung und das „Eingeweidehirn"* schreibt, nimmt er ausdrücklich auf Papez' Theorie über Emotion bezug. MacLean und der 66jährige Anatomie-Professor an der Cornell Universität stehen auf einmal im Rampenlicht. In seiner visionären medizinischen Abhandlung von 1937 fragt Papez: „Ist Emotion ein magisches Produkt, oder ist sie ein physiologischer Prozeß, der abhängig von einem anatomischen Substrat ist?" Im folgenden schlägt er eine Antwort vor: Genau bezeichnete Strukturen unterhalb der Großhirnrinde, die zusammen den *Limbischen Ring* bilden, sollen „einen harmonischen Mechanismus konstituieren, der womöglich ebenso die Funktionen der zentralen Emotion ausarbeitet wie am emotionalen Ausdruck beteiligt ist". Für die subjektive emotionale Erfahrung, so Papez, sei jedoch der Cortex entscheidend.

James Papez wurde am 18. August 1883 als Sohn böhmischer Einwanderer in Glencoe, Minnesota, geboren. Nach dem Besuch der Schule im nahe gelegenen Hutchinson studierte Papez Medizin an der Universität von Minnesota. Ausgestattet mit einem Stipendium vertiefte er sich in die Vergleichende Neuroanatomie und schloß 1911 mit dem Medical Doctor ab. Ein Jahr darauf heiratete er Bessie Pearl Sowden, genannt Pearl, die eine wichtige Mitarbeiterin wurde. Sie hatten drei Kinder.

Bis 1920 lehrte Papez Anatomie in Atlanta, bevor er an die Cornell Universität nach Ithaka, New York, kam. Die Gehirnanatomie war gerade erst im Entstehen. Papez wurde zunächst Kurator einer Gehirne-Sammlung im „Gehirn-Institut", darunter auch die Denkorgane außergewöhnlicher Personen. In den 1920er Jahren arbeitete Papez über vergleichende Neuroanatomie, daneben über Leistenbrüche und die Herzmuskulatur und galt bald als ausgezeichneter Kenner des Gehirns von Mensch und Tier. Im Jahr 1929 kam sein Lehrbuch *Vergleichende Neuroanatomie* (*Comparative Neuroanatomy*) heraus mit Zeichnungen, die seine Frau Pearl angefertigt hatte. Seine Untersuchungen des Thalamus, des Zwischenhirns und der Basalganglien erfuhren besondere Beachtung.

Im Jahr 1937 schlug Papez einen allgemeinen Mechanismus für Emotionen vor. Darin spielte der Hippocampus, dessen Bedeutung damals noch im Dunkeln lag, eine wichtige Rolle. Papez war überzeugt, daß sich Emotionen stammesgeschichtlich mit Schmecken und Riechen, d.h. im Zusammenhang mit Ernährung und Fortpflanzung entwickelt haben. Riechen sei der ursprüngliche Reiz der emotionalen Erfahrung in der Stammesgeschichte der Reptilien zu den Säugetieren. Papez forderte, sein vorgeschlagener Mechanismus der Emotion sei experimentell und klinisch zu prüfen.

Als in den 1940er Jahren die Medizinische Schule der Cornell Universität ihren Sitz in New York City nahm, gab Papez auch Vorlesungen in Anthropologie, seinem zweiten Fach. Ein Jahr von seinem Tod brachte Papez Gedichte unter dem Titel *Fragments of*

Verse heraus. Papez galt als kultiviert, vorsichtig in seinen Äußerungen und bescheiden. Eitelkeit, Falschheit oder Argwohn gingen ihm völlig ab, meinte Fred Mettler.

Nach seiner Pensionierung im Jahr 1951 zogen James und Pearl nach Columbus, Ohio, wo er am Columbus State Hospital das Biologische Labor leitete. Dort setzte er seine Arbeit über den vergleichenden Bau der Gehirne fort. James Papez starb am 13. April 1958.

In Platos Vorstellung war die Seele dreigeteilt. In der Leber wohnte der Appetit, im Herzen der Geist und im Kopf der Verstand. Der für die gesamte abendländische Medizin und Biologie einflußreiche römische Arzt Galen hielt im ersten Jahrhundert an Platos Konzept im Prinzip fest. In seinen Worten hatte das Verlangen seinen Sitz in der Leber, das Temperament im Herzen und der Intellekt im Gehirn. Die Mischung aus den drei Anteilen sollte den Charakter eines Menschen bestimmen. Unter den Temperamenten unterschied Galen vier Typen: den cholerischen, den sanguinen, den melancholischen und den phlegmatischen Typ. In den alten Sprachen werden zahlreiche Gefühle unterschieden. Gesänge, Gedichte, Trauerspiele und Romane erzählen uns über Gefühle, seit es Geschichte gibt. Immer wieder versuchten einige Menschen durch Beobachtung und Introspektion, Gefühle zu beschreiben, zu ergründen und zu ordnen. Die Psychologie, die lange Zeit geisteswissenschaftlich war, wandelt sich immer mehr zu einer experimentell-naturwissenschaftlichen Disziplin. Der moderne psychobiologische Ansatz besteht darin, nervöse und hormonelle Prozesse als die Grundlagen der Gefühle zu erforschen.

In der Renaissance legten Präparatoren Teile des Nervensystems frei. Der italienische Anatom Bartholomeo Eustachio z. B. zeigte auf einem Kupferstich 1563 die sympathischen Nerven, die aus dem Schädel austreten. Der Engländer Walter H. Gaskell unterschied im „unwillkürlichen Nervensystem" zwei gegenspielende (antagonistische) Subsysteme. Er kam 1886 zu dem Schluß, daß das Muskelgewebe der Eingeweide und des Gefäßsystems von zwei verschiedenen Nervensystemen versorgt wird, von denen das eine Kontraktionen auslöst und das andere Kontraktionen hemmt und für die Erschlaffung der Muskelfasern sorgt. Die beiden entgegengesetzt wirkenden Nervensysteme sollten alle Gewebe versorgen. Gaskells Kollege John Newport Langley an der Universität Cambridge nannte das

James Papez, 1937

unwillkürliche (oder vegetative) Nervensystem das *autonome Nervensystem*. Als dessen Subsysteme unterschied er – physiologisch und anatomisch – das erregende *sympathische* Nervensystem vom dämpfenden *parasympathischen*. Andere Forscher arbeiteten weitere Einzelheiten des Sympathicus und Parasympathicus aus.

Im Jahr 1884 stellte der amerikanische Psychologe William James Gefühle auf den Kopf. Er behauptete in einem Artikel unter dem Titel *Was ist Emotion?*, nicht ein Gefühl rufe körperliche Symptome wie schnelleren Herzschlag oder etwa Kribbeln im Bauch hervor, sondern umgekehrt. Ich bin traurig, weil ich weine, und nicht: ich weine, weil ich traurig bin. Die Vorstellung, eine unwillkürliche Funktionsänderung des Körpers rufe jeweils eine Emotion hervor, lief dem gesunden Menschenverstand zuwider. Dabei ließ James durchaus einen äußeren Anlaß zu. So löste z.B. die Trennung von einem geliebten Menschen zunächst Weinen als physiologische Reaktion aus, und Weinen rief dann ein trauriges, schmerzhaftes Gefühl hervor. Ein Jahr später kam der dänische Mediziner Carl Lange unabhängig von James zu dem gleichen Ergebnis, so daß man fortan von der *James-Lange-Theorie* der Emotion sprach.

Walter Cannon und Philip Bardand widerlegten die James-Lange-Theorie. Erstens zeigten Tiere noch Emotionen, bei denen die Verbindung zwischen Großhirn und autonomem Nervensystem durchtrennt war. Dann zeigte sich, daß die zugrundeliegenden körperlichen Erregungszustände auch bei sehr unterschiedlichen Emotionen, wie etwa bei Angst und Verliebtsein, die gleichen waren. Nach der James-Lange-Theorie mußten wenige körperliche Reaktionen eine große Vielfalt von nuancierten Emotionen hervorrufen, dies schien unwahrscheinlich. Hinzu kam, daß körperliche Reaktionen mehr Zeit als Emotionen benötigen, die oft in Sekundenschnelle erlebt werden. Und schließlich führte Cannon im Versuch körperliche Reaktionen herbei, die keine entsprechenden Emotionen auslösten.

Cannon fiel auf, daß die Magen- und Darmmotorik abnahm oder stoppte, wenn Tiere erregt waren. Emotionale Erregung ging einher mit Erregung des sympathischen Nervensystems. Als Folge davon gelangte Adrenalin ins Blut und die Blutzufuhr zu den Eingeweideorganen nahm ab, die zu den Skelettmuskeln hingegen zu. Adrenalin sorgte für einen höheren Blutzuckerspiegel und einen höheren Blutdruck. Cannon deutete die Symptome richtig als eine Mobilmachung der Körpers für Kampf oder Flucht. Gefühle seien die Wahrnehmungen körperlicher Funktionsänderungen, behauptete Cannon. Demnach gab es kein eigenes Zentrum im Gehirn, das Emotionen hervorrief. Vielmehr waren Gefühle wie Sorge, Wut oder Freude einfach neurologische Antworten auf innere Organe, die augenblicklich ihren physiologischen Zustand änderten.

Der Straßburger Professor Friedrich Goltz beobachtete 1892, daß Tiere auch dann noch wütend werden konnten, wenn ihr Cortex entfernt worden war. Der obere Hirnstamm oder andere subcorticale Teile unter dem Cortex mußten für Gefühle notwendig sein. Cannon und Bardand vereinigten im Jahr 1929 eigene und andere Befunde in der *Cannon-Bard-Theorie* der Emotion: Ein geeigneter äußerer Reiz wird aufgenommen und erregt den Thalamus. Dies wird bereits als Emotion wahrgenommen. Überschreitet die Erregung eine Schwelle, dann teilt sie sich. Eine Nervenbahn erregt den Cortex und ruft dort ein Gefühl hervor, z.B. Furcht. Die andere Nervenbahn erregt den Hypothalamus, der über das autonome Nervensystem körperliche Reaktionen auslöst. Kernpunkt ihrer Theorie war, daß ein gefühlsauslösender Reiz ein psychisches Erlebnis und unabhängig davon eine körperliche Reaktion auslöste.

Der Neuroanatom James Papez in Ithaca wendete – vereinfacht gesagt – die Cannon-Bard-Hypothese auf eine Struktur an, die Paul Broca 1878 entdeckt hatte, und entwickelte daraus einen allgemeinen Mechanismus für Emotionen. Broca nannte die ringförmige, unmittelbar unterhalb des Großhirns verlaufende Struktur den *limbischen Lappen*. Er unterschied den oberen Gürtel (*Gyrus cinguli*) vom Hippocampus, einer gebogenen Struktur, die frühere Gehirnanatomen an ein Seepferdchen erinnerte. Die hippocampische Windung, so viel war ihm klar, mußte etwas mit dem Riechen zu tun haben. Broca unterschied „Riech-Tiere" von „Nichtriech-Tieren", je nachdem ob der limbische Lappen ausgeprägt war. Der Mensch gehörte mit Affen, Robben, Delphinen und Walen zu den „Nichtriech-Tieren". Der Gürtel sollte Gerüche als angenehm oder unangenehm empfinden.

Papez lehnte den Thalamus als einziges Zentrum für Gefühlsreize ab. Nach seiner Vorstellung rief ein Kreislauf – später *Papez-Kreis* genannt –, der aus Teilen des limbischen Lappens bestand, Emotionen hervor. Emotionen tauchen demnach aus zwei Quellen auf, entweder aus dem Cortex als Ergebnis psychischer Aktivität oder aber aus dem aktiven Hypothalamus. Hat der emotive Prozeß im Cortex seinen Ursprung, gelangt die Erregung in den *Hippocampus*, der die Impulse des Cortex umschaltet und die Signale über hypothalamische Strukturen (Mamillarkörper, vordere thalamische Kerne) zum Gürtel des Cortex (*Gyrus cinguli*) leitet. Im Gürtel tritt nun die geheimnisvolle Erscheinung auf, die Papez schlicht als subjektive Gefühlserfahrung bezeichnete, d.h., hier sollte das Gefühl erlebt werden. Die Gefühlserregung kann nach Papez zudem in weitere Regionen des Cortex ausstrahlen und zusätzliche emotionale Tönung hervorrufen. Papez vermutete überdies, daß im Gürtel die dynamische Wachheit (Vigilanz) ihren Sitz hat, die sensorische Eindrücke jeweils mit emotionalem Erleben ausstattete.

Im anderen Fall haben Emotionen im Hypothalamus ihren Ursprung. Dies sollte der Fall sein, wenn körperliche Prozesse eine emotionale Tönung erhalten. Der Hypothalamus empfängt ebenso Eindrücke von der Körperperipherie wie von den inneren Organen. Papez betonte, es sei ja bekannt, daß emotionale Erlebnisse mit allen möglichen Sinneswahrnehmungen und Körperempfindungen verbunden sind. Die Frage sei, auf welche Weise die Erregungen eine emotionale Tönung erhielten. Auf der Ebene des Thalamus, so Papez, spalten sich die Erregungsbahnen der Rezeptor-Organe auf. Eine Route, *der Strom der Bewegung*, leite Impulse zum Streifenhügel. Eine andere Route, *der Strom des Gedankens*, leite die Erregung zum seitlichen Cortex. Papez meinte damit den Informationsstrom, der sich aus Sinnesorganen und Rezeptoren speist. *Der Strom des Gefühls* schließlich errege den Hypothalamus und gelange über den Mamillarkörper zum Gürtel des Cortex. Mit Hilfe des Hypothalamus sollten also sensorische Erregungen im seitlichen Cortex emotionale Tönung oder Qualität erhalten.

Die hypothalamische Region mit dem Hippocampus, soviel zumindest war „hard evidence", verarbeitete Riech- und Schmeckreize. Gefühle, glaubte Papez, seien Ergebnisse der Evolution. Er vermutete, daß Sinneswahrnehmungen, ihre weitere Verarbeitung sowie hieraus auftauchende Emotionen hinsichtlich Ernährung, Fortpflanzung und Fürsorge für die Nachkommen überlebenswichtig waren. Aus ursprünglich rein sinnlichen Wahrnehmungen seien die vielfältigen Gefühlserlebnisse hervorgegangen.

Papez' Entdecker, Paul MacLean, bezog noch andere Strukturen als Funktionselemente in den Papez-Kreis ein und nannte das Ganze *limbisches System*. Mehr noch: MacLean baute in den 1950er Jahren das limbische System in eine größere stammesgeschichtliche Theorie ein. Demnach besteht das Gehirn des Menschen wie das der jüngeren Säugetiere aus drei übereinander geschichteten Gehirnen. Da die drei Gehirne zusammenarbeiten, wenngleich nicht immer harmonisch, sprach MacLean vom dreieinigen Gehirn (*triune brain*). An der Basis befindet sich das älteste Gehirn, das *Reptiliengehirn*. Es besteht hauptsächlich aus dem Hirnstamm und steuert das Instinktverhalten und stereotypes Verhalten. Dem sitzt das *limbische System* als das alte Säugetiergehirn auf. Es ist verantwortlich für Gefühle und Gefühlsausdruck sowie Verhaltensweisen im Zusammenhang mit Fortpflanzung. Der *Cortex* repräsentiert das neue Säugetiergehirn. Er ist beim Menschen überaus stark entwickelt und ermöglicht intellektuelle Leistungen. MacLean sah das Verhältnis zwischen Cortex und limbischem System ähnlich wie Freud das zwischen bewußtem Ich und unbewußtem Es. Da das limbische System nur wenige Verbindungen mit dem Cortex besitzt und da nur der Cortex mit Hilfe von Sprache arbeitet, glaubte MacLean, kommunizierten beide nicht gut miteinander: Der ewige Konflikt zwischen Verstand und Gefühl sei auch strukturell bedingt.

In der Zeit nach Papez sind zahlreiche strukturelle oder funktionelle Einzelheiten des limbischen Systems erforscht worden. Der *Thalamus*, manchmal noch Sehhügel genannt, gilt als das Tor zum Bewußtsein. Er ist die zentrale subcorticale Sammel- und Umschaltstelle für alle der Großhirnrinde zufließenden sensibel-sensorischen Erregungen aus der Außen- und der Innenwelt. Überdies ist er ein selbständiges Koordinationszentrum, das Empfindungen gliedert und verarbeitet. Der *Hippocampus* ist wesentlich an Lern- und Gedächtnisfunktionen sowie an der Integration von Erfahrungen beteiligt. Er erlaubt es z.B., eine bedrohliche Situation mit gespeicherten Erfahrungen zu vergleichen. Dieser Abgleich stellt dann Weichen für die Reaktion. Im Hinblick auf den *Hypothalamus* hat sich die Vorstellung bestätigt, daß er autonome Funktionen reguliert, darunter Wärmehaushalt, Hunger, Durst, Blutdruck, Wach- und Schlafrhythmus sowie das Gefühlsausdrucksverhalten. Offenbar können auch starke körperliche Aktivierungszustände über das limbische System den präfrontalen Cortex erregen und ein Gefühl erzeugen. Durch Rückkoppelung mit der körperlichen Aktivierung kann sich ein Gefühl, z.B. Angst zu Panik, „aufschaukeln". Eine zentrale Rolle im Gefühlsgeschehen spielt die *Amygdala* (Mandelkern). Menschen mit Verletzungen der Amygdala erkennen zwar noch Freunde oder ungeliebte Personen, empfinden aber überhaupt nichts mehr für sie und können nicht unterscheiden, ob sie sie mögen oder nicht mögen. Wird die Amygdala im Tierversuch elektrisch gereizt, reagieren die Tiere entweder aggressiv mit Angriff oder ängstlich mit Flucht. Entfernung der Amygdala in beiden Hirnhälften führt zu völlig indifferentem Verhalten: Die Tiere werden völlig zahm – eigentlich gleichgültig –, Affen nehmen Schlangen in die Hand, vor denen sie normalerweise eine angeborene Angst haben. Die Tiere sind auch sexuell unterschiedslos und versuchen, mit völlig fremden Tierarten zu kopulieren. Der Gürtel schließlich – zwischen Balken und Cortex gelegen – verknüpft in seinem vorderen Teil Gerüche und Gesehenes mit angenehmen oder unangenehmen Erinnerungen. Er spielt zudem eine Rolle bei emotionalen Reaktionen auf Schmerz und bei der Steuerung von aggressivem Verhalten.

Ein ganzer Forschungszweig dreht sich heute um die Chemie des limbischen Systems, das ein ebenso aktives wie kompliziertes Konglomerat winziger, innerer Drüsen ist (*Endokrinologie des Gehirns*). So steuert z.B. der Hypothalamus viele Funktionen über die Freisetzung spezifischer Hypothalamus-Hormone; die Hypophyse – um ein zweites Beispiel zu nennen – ist eine innere Drüse, die zahlreiche, ganz unterschiedliche Hormone abgibt. Ganze Hormonkaskaden komplizierter Steuerkreisläufe mit hirneigenen Botenstoffen sind in körperliche und emotionale Prozesse involviert.

Gefühle kommen aber offenbar nicht einfach automatisch und ohne jeden Verstand zustande. Im Jahr 1964 schlugen Stanley Schachter und James Singer eine andere Erklärung vor: Die körperliche Erregung ist notwendige Voraussetzung, daß ein Gefühl überhaupt aufkommt. Welche Emotion auftaucht, hängt von augenblicklichen intellektuellen und bewertenden Funktionen im Cortex ab. Ein und derselbe körperliche Aktivierungszustand wird dann in Abhängigkeit von der Analyse und Bewertung der jeweiligen Situation mal als Freude, Liebe, Ärger, Wut, Scham u. a. empfunden. Dieses Modell nannte man *kognitive Theorie der Emotion*.

Antonio Damasio an der Universitätsklinik von Iowa hält es für erforderlich, das aktive Gehirn und all seine Funktionen, darunter Denken und Fühlen, stets im Zusammenspiel mit dem Körper zu sehen. Eine vom Körper losgelöste Betrachtung des Gehirns sei unangebracht. Damasio hat eine eigentümliche Koppelung oder Kontinuität zwischen intellektuellen Leistungen und Gefühlen entdeckt. Er schreibt:

„Die unteren Stockwerke des neuronalen Vernunftgebäudes steuern zugleich die Verarbeitung von Gefühlen und Empfindungen sowie die Körperfunktionen, die fürs Überleben des Organismus notwendig sind. Dabei unterhalten diese unteren Ebenen eine direkte und wechselseitige Beziehung zu praktisch jedem Körperorgan, so daß der Körper unmittelbar in die Kette jener Vorgänge einbezogen ist, die die höchsten Ausformungen des Denkens, der Entscheidungsfindung und im weiteren Sinne des

Sozialverhaltens und der Kreativität hervorbringen. Die unteren Organisationsstufen unseres Organismus sind also entscheidend an den höheren Vernunftmechanismen beteiligt."

Patienten, die aufgrund von Hirnschäden kaum noch Gefühle erlebten, waren bei der Entscheidungsfindung in der Rücksichtnahme auf die persönliche Zukunft, auf soziale Konventionen und moralische Grundsätze im hohen Maße eingeschränkt. Sie trafen vielfach Entscheidungen zu ihrem eigenen Nachteil. „Im Idealfall", meint Damasio, „lenken uns Gefühle in die richtige Richtung, führen uns in einem Entscheidungsraum an den Ort, wo wir die Instrumente der Logik am besten nutzen können". Zum einen erfordert das Leben so viele Entscheidungen von Augenblick zu Augenblick, die wir allein mit Hilfe von Intellekt und rationaler Analyse gar nicht treffen können. Zum anderen stehen wir vor äußerst schwierigen Fragen z. B. hinsichtlich unserer Zukunftspläne oder der Einschätzung von Personen. In allen diesen Fällen bewegen uns Gefühle in eine bestimmte Richtung des Handelns, die zusätzlich intellektuell feinabgestimmt wird. Was aber sind Gefühle, oder allgemeiner, was ist eine Empfindung? Damasio meint, eine Empfindung sei die direkte Wahrnehmung eines körperlichen Zustandes, einer „Landschaft" des Körpers.

„Im großen und ganzen ist eine Empfindung ein momentaner ‚Blick' auf einen Teil dieser Körperlandschaft. Sie hat einen spezifischen Inhalt – den Zustand des Körpers – und spezifische neurale Systeme, auf denen sie beruht – das periphere Nervensystem und die Hirnregionen, die die Signale der Körperstruktur und der Körperregulation integrieren. Da der Eindruck von dieser Körperlandschaft zeitlich mit der Wahrnehmung von oder der Erinnerung an Dinge verknüpft ist, die kein Teil des Körpers sind – ein Gesicht, eine Melodie, einen Duft –, werden Empfindungen am Ende zu ‚Merkmalen' dieser Dinge."

Hinzu kommt Denken, das die Empfindung eines Körperzustandes begleitet: Das Denken ist rasch und ideenreich bei angenehmen und langsam und sich wiederholend bei unangenehmen Körperzuständen. Damasio zufolge beruhen Gefühl und Empfindung letztlich auf zwei grundlegenden Prozessen:
1. dem Anblick eines bestimmten Körperzustands in Juxtaposition [Nebeneinanderstellung] zu einer Reihe auslösender und wer-

tender Vorstellungsbilder, die den Körperzustand verursacht haben, und
2. einem kognitiven Prozeß von bestimmter Art und Leistungsfähigkeit, der die in 1. beschriebenen Ereignisse begleitet, aber parallel verläuft.

Schließlich müssen wir uns klarmachen, gibt der Neurowissenschaftler zu bedenken, daß Gefühle und Empfindungen nichts von ihrem wunderbaren oder auch schrecklichen Charakter verlieren, nichts von ihrer Bedeutung für Dichtkunst und Musik einbüßen, wenn wir sie als konkret, kognitiv und neuronal auffassen.

„Gehirnchirurg ist ein schrecklicher Beruf."

Wilder Penfield (1891–1976)

Der Chirurg sieht auf das offene Gehirn einer Patientin, die an schwerer Epilepsie leidet. Mit einem feinen Draht, der schwache Stromimpulse aussendet, reizt er Punkte der Hirnrinde, um eine Aura auszulösen. Immer wieder haben Epileptiker berichtet, daß sie unmittelbar vor einem epileptischen Anfall eine traumartige Erinnerung oder Empfindung erleben. Wo eine solche Aura ausgelöst wird, glaubt der Arzt, muß der Herd der epileptischen Entladung sein. Und den will er entfernen. Die lokal narkotisierte und völlig schmerzfreie Patientin ist hellwach und teilt mit, was sie bei einer Stimulation empfindet. Als er einen Punkt im Schläfenlappen reizt, sagt sie: „Es kommt mir so vor, wie es war, als ich mein Baby hatte." Dies ist keine Aura, aber was ist es dann? Der Arzt mißt der Bemerkung keine Bedeutung bei. Vielleicht liegt es ja an den schmerzstillenden Mitteln, die die Frau bekommt, oder an einer leichten Verletzung im Gehirn.

Acht Jahre später, 1938, macht der Gehirnchirurg bei einer Wachoperation an einem 14jährigen Mädchen eine verblüffende Entdeckung. In dem Moment, als er eine Stelle im hinteren Schläfenlappen reizt, ruft das Mädchen: „Oh, ich kann etwas sehen, das auf mich zukommt. Lassen Sie sie nicht zu mir kommen." Kurz nachdem er eine benachbarte Stelle gereizt hat, sagt sie: „Ich sah jemand auf mich zukommen, als ob er mir was antun wollte." Als der Arzt zwei Punkte weiter hinten in der Sehrinde probiert, sieht das Mädchen farbige Sterne. Dann tastet er Punkte in der Nähe der Hörregion im Schläfenlappen ab. „Sie schreien mich an, ich hätte etwas Falsches getan; jeder schreit mich an." Wer denn schreie? Ihre Mutter und ihre Brüder, antwortet sie. Bei wiederholter Reizung wiederholt sich der Eindruck des Mädchens, „ich höre sie wieder".

Jetzt beginnt der Arzt, die Hirnrinde systematisch zu erkunden. Einmal operiert er ein 16jähriges Mädchen und reizt einen Punkt in

Wilder Penfield, 1974

der oberen Windung des rechten Schläfenlappens. In dem Augenblick, als er die Elektrode zurückzieht, sagt sie: „Ich hatte einen Traum. Ich war nicht hier." Wenig später berührt der Arzt ohne ihr Wissen dieselbe Stelle. „Ich höre Leute hereinkommen", und sie fügt hinzu: „Ich höre jetzt Musik, ein lustiges kleines Stück." Sie habe die Musik im Radio gehört, das Stück, das ihre Mutter immer gesungen hat. Nach einer Weile, am selben Punkt: „Wieder ein Traum. Leute kommen herein."

Zahlreiche Operationen folgen über die Jahre. In einem Fall tastet der Neurochirurg das Sehfeld im Hinterhauptlappen ab. Der Patient sieht „zwei Räder, hauptsächlich rot und blau", dann einen „Lichtball, alle Farben". Andere Reizungen rufen einen „Lichtblitz in meinen Augen" hervor oder „winzige, farbige Lichter, die sich bewegten". Wie bei anderen epileptischen Patienten auch, trifft der Arzt dann und wann einen Punkt, der sich „ziemlich nahe an einem Anfall" anfühlt. In der Nähe der Sylvius-Furche am Rand des Schläfenlappens, dort wo die Hörrinde liegt, löst der Mediziner mit der Elektrode alle möglichen Höreindrücke aus, „Motorgeräusch", „zirpende Grillen", „Geräusch wie unter Wasser", „Klopfen", „Änderung des Klangs Ihrer Stimme" oder aber Taubheit.

Am zuverlässigsten antworten Stellen beiderseits der Zentralfurche in jeder Gehirnhälfte. Dort kommt es je nach Reizort zur Bewegung der linken Gesichtshälfte oder zur Empfindung in der Zunge, zur Streckung eines Fußes oder zur Empfindung im großen Zeh. Auf der einen Seite der Furche lassen sich Muskelkontraktionen aller möglichen Körperteile auslösen. Auf der anderen Seite der Zentralfurche lassen sich Empfindungen der Körperpartien hervorrufen. In beiden Fällen lösen Reizungen in der linken Gehirnhälfte Reaktionen der rechten Körperhälfte aus – und umgekehrt. Der Arzt fertigt Karten vom *Bewegungs-Feld* (motorischer Cortex) und vom *Körperfühl-Feld* (somatosensorischer Cortex) an.

Wilder Penfield wurde am 26. Januar 1891 in Spokane, Washington, geboren. Zu seiner Mutter hatte er zeitlebens eine intensive Bindung. Der Vater, ein Arzt, „hörte den Ruf der Wildnis", so die Familienlegende, „und konnte ihm nicht widerstehen". Doch eher flüchtete er – vor was auch immer – in die Wildnis und gab schließlich die Praxis auf. Als Wilder acht Jahre alt war, trennten sich die Eltern, und seine Mutter zog mit den Kindern nach Hudson, Wisconsin, beteiligte sich dort am Aufbau einer Privatschule und arbeitete als „School Mother". Als sie von dem neuen Rhodes Stipendium für ein dreijähriges Studium in Oxford erfuhr, erzählte sie ihrem 13jährigen Sohn davon: „Das ist genau das Richtige für dich." Im College in Princeton, wo sich Wilder als Football- und Baseballspieler und Coach hervortat, entschloß er sich nur zögerlich zum Medizinstudium.

1914 erhielt Penfield das ersehnte Rhodes Stipendium und ging nach Oxford. Einer seiner Lehrer dort war Charles Sherrington.

Dessen Forschungsgebiet, die Nervenphysiologe, zog ihn an. Nach zwei Jahren setzte er in Baltimore an der Johns Hopkins Medical School sein Studium fort. In seiner Collegezeit hatte er sich in Helen Kermott verliebt und sagte ihr, er würde ihr eines Tages einen Heiratsantrag machen. „Sie lächelte nur, als glaubte sie nicht", erinnerte sich Penfield in seiner Biographie. „Es gab keinen Kuß. Aber ihre Augen sprachen." Er hatte sie mehrmals wieder getroffen, doch sie konnte sich nicht für ihn entscheiden. Erst zwei Jahre später hatte sie den Verlobungsring von ihm angenommen. Am 20. April 1917 schrieb ihr Wilder: „Liebe Helen, willst Du mich heiraten? Kein irgendwann einmal oder in ein paar Jahren. Wirst Du mich im Juni heiraten und mit mir am 9. Juni nach Paris fahren? Es bleibt nur Dir überlassen." Helen sagte ja und ließ sich vom Dekan des Colleges von ihrem Kurs befreien; der riet ihr: „Vergessen Sie nicht, Gummis mitzunehmen, Liebes." Nach der Hochzeit arbeiteten sie beide fünf Monate in Paris in einem Lazarett des Roten Kreuzes.

Nach seiner Promotion in Baltimore zog die inzwischen dreiköpfige Familie nach Boston, wo Penfield als Assistenzarzt bei Harvey Cushing begann, der sich als einer der ersten Chirurgen an Gehirntumore wagte. Bald stand Penfields Entschluß fest, Gehirnchirurg zu werden. Zu diesem Zweck wollte er alles wissen, was über das Gehirn bekannt war, Neuroanatomie, Neurophysiologie und Neuropathologie. Zwei Jahre hielt er sich mit der Familie zu Studienzwecken in Oxford und London auf. Er werde eines Tages das Geheimnis der Epilepsie studieren, schrieb er, und „wie das Gehirn tut, was es tut".

Zurück in den Staaten nahm Penfield 1921 eine Stelle am Presbyterian Hospital in New York an. Um zu verstehen, was Epilepsie verursacht, vertiefte er sich in die Grundlagen der Neurophysiologie und besuchte Pio del Rio-Hortega in Madrid, um die Färbetechnik von Nervengewebe mit Silbernitrat zu erlernen. Bevor Penfield 1928 die Stelle als Neurochirurg am Royal Victoria Hospital in Montreal antrat und zum Professor der McGill Universität ernannt wurde, führte ihn eine nächste Studienreise für sechs Monate nach Breslau zu Professor Otfried Foerster, der seit einigen Jahren Epilepsiekranke operierte. Penfield sah zum ersten Mal eine Gehirnoperation unter lokaler Anästhesie. Auf diese Weise konnte Foerster seine Patienten über Empfindungen befragen. Bald schon berichtete Penfield selbst über die ersten Fälle operierter und zumindest teilweise geheilter Epileptiker. Innerhalb der nächsten 30 Jahre operierte er mehr als 750 Epilepsiekranke. Penfield, der von Foerster die Methode der lokalen Anästhesie und der Befragung der Patienten übernahm, entwickelte die Methode und die Operationstechnik weiter. Bald zeichnete ein Stenograph die Befragung im Operationssaal auf, und ein Fotograf machte Bilder von der Hirnrinde, deren Stimulationsorte mit kleinen Nummern genau markiert wurden.

Nur fünf Monate nachdem er in Montreal begonnen hatte, legte Penfield seinem Chef einen Plan für ein neues, siebengeschossiges neurologisches Institut vor, wo Chirurgen, Laborforscher und Neurowissenschaftler zusammenarbeiten sollten. Am 27. September 1934 öffnete das im historischen Stil erbaute Montrealer Neurologische Institut (M. N. I.) seine Pforten, das über eine Brücke mit dem Royal Victoria Hospital verbunden war. Bis zum Jahr 1960 war Penfield dessen Direktor.

Bald verlor das Direktorat viel von seinem Glanz. Unter der Oberfläche von Erfolg und Ruhm, schrieb sein Enkel Jefferson Lewis, sei Penfield wiederholt in depressive Phasen gefallen und habe sich zeitweilig nur unter großen Mühen zu seinem Tagespensum aufraffen können. Zur Überlastung durch viele lange Operationen, von denen er Krampfadern und Kniebeschwerden bekam, und tägliche Termine, Auftritte und Einladungen kamen bohrende Selbstzweifel. Als sich Fälle häuften, in denen Operierte an Infektionen starben, die unvermeidbar schienen, und man ihm die Stelle als Rektor der McGill Universität anbot, dachte Penfield darüber nach, den ärztlichen Chefposten zu quittieren.

Aber es kam anders. Im Herbst 1937 zeigte ihm Herbert Jasper an der Brown Universität in Providence, Rhode Island, seinen selbstgebauten Elektroenzephalographen. Jasper verglich damit die Gehirnwellen von Epileptikern mit denen von Gesunden. Erfunden hatte das EEG der Deutsche Hans Berger 1929 in Jena, der elektrische Spannungen des Gehirns durch den unversehrten Schädel gemessen und aufgezeichnet hatte. Jasper fand nun, daß erkranktes Nervengewebe zu einem veränderten EEG führte. Zudem glaubte er mit dem EEG den Herd im Gehirn eines Epilepsiekranken lokalisieren zu können. Penfield, anfangs skeptisch, überzeugte sich in einer Operation. Da kam Penfield die Idee, Jasper mit seinem EEG an Gehirnoperationen zu beteiligen, um Potentiale von der Hirnrinde abzuleiten. 1938 holte er Jasper an das Montrealer Institut, und beide entwickelten in der Folgezeit die *Montreal-Methode*: Sie lokalisierten Herde im Gehirn unter Verwendung niedriger elektrischer Spannungen (meist 1 V, 60 Hz). Bei diesen Eingriffen waren die Patienten lokal anästhesiert, also bei vollem Bewußtsein. Jasper registrierte während der Operation Hirnströme und lokalisierte genau die Epilepsieherde. Penfield erhielt sichere Daten darüber, wieviel Gewebe er aus dem Umfeld eines Herdes entfernen mußte.

Als Nebenprodukt dieser – in vielen Fällen erfolgreichen – Behandlungsmethode, machte Penfield eine erstaunliche Entdeckung: Die Stimulation bestimmer Regionen des Cortex führte zu psychischen Effekten, Bewegungen oder Empfindungen der Patienten. Reizungen des Schläfenlappens lösten Erinnerungen der Patienten aus, die in ihrem gewöhnlichen Gedächtnis nicht abrufbar waren. Reizte Penfield exakt dieselbe Stelle ein zweites Mal, schien die Erinnerung an den Eindruck oder das Erlebnis erst recht aufzublühen. Penfield vermutete, er habe die physikalische Basis des Gedächtnisses gefunden, ein „Engramm". Später meinten kritische Stimmen, die psychischen Effekte, die ein krankhaft übererregbares Gehirn voraussetzten, ließen sich an nichtepileptischen Patienten nicht erzielen.

Eine Entdeckung ging in die Neurologie-Lehrbücher ein. Vor und hinter der Zentralfurche liegen in beiden Gehirnhälften zwei Windungen mit mehr oder weniger fest zuzuordnenden Funktionen. Das motorische Rindenfeld kontrolliert Bewegungen der Gesichtsmuskeln, Finger, Arme und Beine, und das somatosensorische Rindenfeld verarbeitet Tast- und Berührungsreize des Körpers. In beiden Feldern nehmen Lippen, Zunge, Mundregion, Finger und Hände deutlich mehr Platz ein als der Rumpf oder die Beine, d.h., der Körper ist im Gehirn verzerrt abgebildet. Bekannt geworden ist Penfields Graphik einer grotesken Figur mit riesigen Händen, übergroßem Mund, zwergenhaftem Rumpf und kurzen Armen und Beinen: Der *Homunkulus* ergibt sich, wenn man die Körperteile in den Größenverhältnissen ihrer Projektionsfelder darstellt.

Zeit seines Lebens reiste Penfield viel und gern, manchmal unter abenteuerlichen Bedingungen. Im Sommer 1941 flog er im ohrenbetäubend lauten und kalten Laderaum eines viermotorigen Bombers 19,5 Stunden über den Atlantik, um bei den Alliierten die Behandlung von Kopfverletzungen zu studieren und Berichte darüber zu verfassen. Zwei Jahre später besuchte Penfield als Mitglied einer

„russischen Mission" britischer Mediziner Moskau. Auf der Rückreise über Teheran und Bagdad änderte er seine Pläne und flog schließlich über Karachi und Calcutta nach China. In den späteren Jahren unternahm er viele Auslandsreisen mit seiner Frau.

Nach seiner Pensionierung 1960 schrieb Penfield Bücher und nahm weiter an Kongressen und am wissenschaftlichen Leben teil. Als die junge Generation gegen das Establishment rebellierte, fühlte sich Penfield persönlich angegriffen. Politisch war er kein beherzter Demokrat, der bereit zu offenen Diskussionen gewesen wäre. Eher, meinte Jefferson Lewis, sei er ein „Prärie-Fundamentalist" gewesen, leidenschaftlich, wenig aufgeschlossen und konservativ. Zeit seines Lebens fühlte sich Penfield eng mit dem Glauben an den Gott seiner Mutter und der Presbyterischen Kirche in Hudson verbunden. Sein ganzes Leben hindurch sei er von einer Macht geleitet worden, so Lewis, die er nicht wirklich wahrnehmen oder verstehen konnte, an deren Existenz er jedoch nie gezweifelt habe. Er gehörte nicht zu den Wissenschaftlern, die ihren Glauben an Gott und an die Seele wie ihren Mantel am Kleiderhaken ihres Labors aufhängten und ihn mit dem weißen Kittel der Vernunft oder des Materialismus tauschten. „Ich bin ein Wissenschaftler, und ich glaube an die Seele", sagte Penfield, „daher muß es eine wissenschaftliche Theorie geben, die die Seele erklärt." Ein Jahr vor seinem Tod erschien sein Band *The Mystery of the Mind*, in dem er sich auf der Grundlage seiner Kenntnisse vom Gehirn zu Aussagen über den Geist und sogar über die unsterbliche Seele aufschwang. Wilder Penfield starb am 5. April 1976.

Hippokrates war ein ebenso großer Arzt wie ein genialer, manchmal visionärer Denker. Wilder Penfield erinnerte an den Begründer der Medizinschule von Kos auf einem Symposium über *Geschichte und Philosophie des Wissens über das Gehirn und seine Funktionen*. Vor rund 2.400 Jahren schrieb Hippokrates über die „heilige Krankheit", über Epilepsie:

> „Ich gehe daran, die heilig genannte Krankheit zu diskutieren. Sie ist nach meiner Meinung nicht göttlicher oder heiliger als andere Krankheiten, vielmehr hat sie eine natürliche Ursache, und ihr vermuteter göttlicher Ursprung ist der Unerfahrenheit der Menschen zuzuschreiben und deren Verwunderung über ihren besonderen Charakter. (...) Augen, Ohren, Zunge, Hände und

Füße agieren in Übereinstimmung mit dem Wahrnehmungsvermögen des Gehirns. (...) Deshalb versichere ich, daß das Gehirn der Interpret des Bewußtseins ist. (...) Einige Leute sagen, daß das Herz das Organ ist, mit dem wir denken, und daß es Schmerz und Angst fühlt. Aber es ist nicht so. (...) Die Menschen sollten wissen, daß aus dem Gehirn und nur aus dem Gehirn ebenso unsere Vergnügungen, Freuden, unser Lachen und unsere Späße hervorgehen wie unsere Sorgen, Schmerzen, unser Gram und unsere Tränen. Insbesondere durch das Gehirn denken, sehen, hören wir, unterscheiden wir das Häßliche vom Schönen, das Schlechte vom Guten, das Angenehme vom Unangenehmen. (...) Es ist dasselbe Ding, das uns verrückt oder rasend macht, das uns mit Angst und Schrecken inspiriert, das uns am Tag wie in der Nacht Schlaflosigkeit bringt, ungelegene Fehler, zwecklose Ängstlichkeit, Geistesabwesenheit und Handlungen, die der Gewohnheit zuwiderlaufen. Diese Dinge, unter denen wir leiden, kommen alle vom Gehirn, wenn es nicht gesund ist. (...) Das Gehirn ist der Interpret des Bewußtseins."

Penfield zufolge ist Hippokrates auch und vielleicht vor allem durch die Beobachtung und den Umgang mit Epileptikern zu diesen Erkenntnissen gelangt. Der amerikanisch-kanadische Neurochirurg hatte das seltsame Glück, in Wachoperationen Epilepsie-Patienten zu befragen, was sie spürten, wenn er Punkte der Hirnrinde elektrisch reizte. Ihm gelangen auf diese Weise bahnbrechende Erkenntnisse über Gehirnfunktionen.

An seinem Lebensabend bilanzierte er sie und wagte sich darüber hinaus – an das Geheimnis des Geistes und der Seele. In seinem Buch *The Mystery of the Mind* nahm er zunächst ein paar einfache Begriffsbestimmungen vor: Der Geist ist das Element in einem Individuum, das fühlt, wahrnimmt, denkt, will und insbesondere vernünftig urteilt. Das Gehirn ist das komplizierte Organ, das Denken und Bewußtsein ermöglicht. Im Hinblick auf seine integrative und koordinierende Aktion ähnelt es einem Computer. Die graue Substanz besteht aus Nervenzellkörpern, die zu Inseln oder zu einer geschlossenen Decke vereinigt sind. Die weiße Substanz – sozusagen der Kabelsalat – wird von den Verbindungsfasern und ihren Isolierungen aufgebaut. Das ganze System vibriert – fein geregelt und in Grenzen gehalten – wie ein gewaltiges Symphonieorchester, während in jeder Sekunde Millionen Botschaften hin- und herblitzen. Bei krankhaften Veränderungen kann graue Substanz zu einem Herd werden, der sich von Zeit zu Zeit blitzartig entlädt und viele Nervenzellen auf einmal erregt, ein epileptischer Anfall.

Beim Vergleich des menschlichen Gehirns mit dem anderer Säugetiere fällt auf, daß es besonders an zwei Stellen beträchtlich zugenommen hat, und zwar in der vorderen Stirn (präfrontal) und im Schläfenbereich (temporal). Menschen, die einen größeren Verlust von Stirnhirn erlitten, zeigten intellektuelle Defizite bei vorausschauenden Handlungen. Ebenso wie die Stirnlappen sind die Schläfenlappen zum überwiegenden Teil frei, um für bestimmte Aufgaben verschaltet zu werden. Ein Teil des linken oder – selten – rechten Schläfenlappens wird während der Entwicklung des Kindes sprachlich programmiert. Der restliche Schläfenlappen übernimmt die Aufgabe, aktuelle Erfahrungen mit gespeicherten Erfahrungen zu vergleichen. Penfield und seine Mitarbeiter nannten ihn den *interpretativen Cortex*.

Wenn die feine Elektrode einen elektrischen Strom an einem Punkt in die graue Substanz leitet, kommt es zu einer Wechselwirkung mit der normalen Funktion der Zellen. Diese Wechselwirkung ist gewöhnlich eine Störung. So löst zum Beispiel eine Reizung in der Sprachregion im Schläfenlappen kurzfristige Aphasie aus. In anderen Fällen, wenn Axone die Erregung zu ihren entfernten Zielgebieten weiterleiten, löst die Stimulation eine normale Reaktion aus. Reizt man z. B. die Handregion im motorischen Rindenfeld, so antwortet der Patient mit unspezifischen Greifbewegungen. Die applizierte Reizung aktiviert eine sekundäre Station im Rückenmark, hemmt aber zugleich feine Bewegungen der Hand. Penfield stieß auf drei Klassen von Reaktionen: Muskelbewegungen, Körperempfindungen und psychische Erlebnisse.

Nach Penfield sollte der interpretative Cortex dem Bewußtsein non-verbale Deutungen von Wahrnehmungen präsentieren. Die non-verbale Verarbeitung durch den interpretativen Cortex und die verbale durch das Sprachsystem bauten gemeinsam das Gedächtnis-Archiv auf. Auf das Gedächtnis-Archiv könne das Bewußtsein zugreifen, es könne aber auch unbewußt etwas herausgeben. Den Schlüssel zum Archiv sollte der Hippocampus besitzen; denn sind die Hippocampi in beiden Gehirnhälften entfernt, kann der Patient sein Gedächtnis nicht mehr aktivieren.

Ein Mensch, der einen epileptischen Anfall von der Art *petit mal* erleidet, kann ziellos und bewußtlos umherirren oder stereotype Bewegungen ausführen, weil er in einem Handlungsablauf hängen geblieben ist. Er kann keine bewußten Entscheidungen treffen, und an das, was er tut, wird er sich nach der Rückkehr des Bewußtseins nicht mehr erinnern. Ein Mensch, der z. B. auf dem Weg nach Haus einen Ausfall des Bewußtseins (Absence) erlebt, kann das erst später rekonstruieren, wenn er eine Erinnerungslücke zwischen zwei Orten feststellt. Epileptische Anfälle dieser Art können das Bewußtsein selektiv ausschalten und eine Art Autopilot einschalten, so daß motorische und sensorische Vorgänge automatisch weiterlaufen. Die Entladungen im Gehirn, die den Patienten vorübergehend zum „geistlosen Automaten" machen, stellte Penfield fest, gingen entweder vom oberen Hirnstamm aus oder aber vom Schläfen- oder Stirnlappen und erreichten über Nervenverbindungen den oberen Hirnstamm. Daher müsse das Bewußtsein im oberen Hirnstamm angesiedelt sein. Zudem sprachen Erfahrungen mit Patienten, die unter Hirntumoren litten und denen verschiedenste Teile der Hirnrinde entfernt wurden, dafür, daß die Hirnrinde nicht für das Bewußtsein wesentlich war. Dagegen führten Schädigungen des oberen Hirnstamms (Zwischenhirns) zum Verlust des Bewußtseins oder sogar zum Tod. Das Bewußtsein habe direkte Verbindungen mit dem Stirn- und Schläfenhirn und nur indirekte Verbindungen zum motorischen und sensorischen Cortex. Träger des Bewußtseins und höchstes Integrationszentrum der Willkürmotorik sei ein *zentrencephales System*. Hier würden Bewegungspläne für Willkürbewegungen programmiert, die zuständige Stellen des motorischen Rindenfeldes ausführten. Zudem sollten hier Sinneseindrücke, die bereits im Cortex analysiert wurden, bewußt werden. Gemeinsam mit aufgerufenen Gedächtnisinhalten bildeten sie den jeweiligen Bewußtseinsinhalt. Die Existenz eines zentrencephalen Systems gilt heute als höchst unsicher und spekulativ.

Das Bewußtsein, meinte Penfield, gebe dem Automaten Kurzzeit-Anweisungen. Es könne dies aber nur durch den Gehirnmechanismus tun. Der höchste Gehirnmechanismus sei der Bote, der zwischen Bewußtsein und anderen Gehirnmechanismen vermittele.

„Der menschliche Automat, der den Menschen ersetzt, wenn der höchste Gehirnmechanismus inaktiviert ist, ist ein Ding, das nicht die Fähigkeit besitzt, völlig neue Entscheidungen zu treffen. Er ist ein Ding ohne die Fähigkeit, neue Gedächtnisaufzeichnungen anzulegen und ein Ding ohne jenes undefinierbare Attribut, einen Sinn für Humor. Der Automat ist unfähig, von der Schönheit eines Sonnenuntergangs gepackt zu werden oder Zufriedenheit zu erleben, Glück, Liebe, Mitleid. Dies sind wie alles Gewahrsein Funktionen des Bewußtseins. Der Automat ist ein Ding, das Gebrauch macht von den angeborenen und erworbenen Reflexen und Geschicklichkeiten, die in dem Computer untergebracht sind. Manchmal mag er einen Plan haben, der ihm anstelle einer Absicht für ein paar Minuten dient. Dieser automatische Koordinator, der in jedem von uns immer aktiv ist, scheint der erstaunlichste aller biologischen Computer zu sein."

Was ist das Bewußtsein? John Locke hielt es für „die Wahrnehmung dessen, was im eigenen Geist eines Menschen vorgeht" („the perception of what passes in a man's own mind"). Laut Brockhaus ist es „die Summe der Icherfahrungen und Vorstellungen sowie die Tätigkeit des wachen, geistigen Gewahrwerdens von Eindrücken". Der amerikanische Philosoph und Psychologe William James (1842–1910) sprach vom Strom des Bewußtseins. „Der Strom des Bewußtseins ist ein Fluß, der für immer durch die bewußten, wachen Stunden eines Menschen fließt." Die Metapher berücksichtigt jedoch nicht, daß wir unser Bewußtsein auch lenken können.

Das Bewußtsein trete mit Hilfe des höchsten Gehirnmechanismus in Aktion, meinte Penfield. Dieser Mechanismus schalte das Bewußtsein beim Aufwachen ein und beim Einschlafen aus. Es erschien Penfield „ziemlich absurd" anzunehmen, daß der Gehirnmechanismus selbst die Funktionen des Bewußtseins ausführt. Der höchste Gehirnmechanismus führe die neuronalen Aktionen aus, die mit der Aktivität des Bewußtseins korrespondieren. In dem Augenblick, als Penfield die Frage aufwarf, ob der höchste Gehirnmechanismus das Bewußtsein mit einer anderen Art Energie versorgt, „einer Energie in so veränderter Form, die nicht länger entlang von Nervenfasern geleitet zu werden braucht", hatte er ganz bewußt den Boden der Physik verlassen. Penfield kam „nach jahrelangen Bemühungen, den Geist allein auf der Grundlage von Gehirnaktivität zu erklären, zum Schluß, daß es einfacher ist (und weitaus logischer), die Hypothese anzunehmen, daß unser Wesen aus zwei fundamentalen Elementen besteht. Wenn das wahr ist, dann könnte auch wahr sein, daß die für das Bewußtsein erforderliche Energie durch den höchsten Gehirnmechanismus während der wachen Stunden zu ihm kommt."

Was geschieht, wenn das Bewußtsein wie bei Bewußtlosigkeit, im Tiefschlaf oder Tod schwindet? Hört es dann auf zu existieren, oder existiert es weiter? Entweder, meinte Penfield, werde das Bewußtsein, wenn der höchste Gehirnmechanismus es beim Aufwachen einschaltet, jedes Mal neu erschaffen. In diesem Fall existiert es nicht mehr, wenn das Gehirn stirbt. Oder aber das Bewußtsein sei ein letztlich unabhängiges Wesen. Dann trete es wohl in Abhängigkeit von der Gehirnaktivität in Erscheinung, existiere jedoch unabhängig von ihr im Stillen weiter. Der bekennend Gläubige Penfield hielt diese Auffassung für wahrscheinlicher als die erste. Und er fügte hinzu, während Körper und Gehirn im Laufe des Lebens schwächer würden, besitze der Geist keine zwangsläufige Pathologie. Vielmehr strebe er spät im Leben seiner „eigenen Erfüllung" zu. Penfield ging sogar noch weiter. Nach dem Tod eines Menschen könne sein Geist überleben, sofern er Anschluß an eine neue Quelle seiner unbekannten Energie finde. Und er deutete an, der Geist könne bereits während des Lebens Verbindung zu einem anderen Geist erhalten. Penfield verfing sich in seinen eigenen Spekulationen. Er war jedenfalls beseelt davon, sein Konzept vom Bewußtsein mit seinem Konzept der unsterblichen Seele zur Deckung zu bringen.

Als nach dem Einsatz der beiden Atombomben die Öffentlichkeit die Macht der Wissenschaft mehr verängstigt als bewundernd vor Augen sah, schrieb die *Saturday Evening Post* über Penfields Gehirnforschungen: „Now They're Exploring the Brain". Das Boulevard-Magazin *Coronet* posaunte 1951 aus: „Science Finds The Human Soul".

Die BBC strahlte 1950 eine achtteilige Sendung über das Leib-Seele-Problem mit Expertenbeiträgen aus. Das Buch, das hierzu später erschien, trug den Titel *The Physical Basis of Mind*. Unter den Experten befanden sich die Physiologen und Nobelpreisträger Sir Charles Sherrington und Edgar Adrian, zwei Neuroanatomen, ein Psychiater, ein Neurologe, drei Philosophen und der Neurochirurg Penfield. Der 92jährige Sherrington kam nach Erörterung der Problemlage zu dem Ergebnis, das er im Vorwort zur 1947er Ausgabe von *The Integrated Action of the Nervous System* geäußert hatte:

„Daß unser Wesen aus zwei fundamentalen Elementen bestehen soll, ist nicht unwahrscheinlicher, als wenn es nur auf einem ruht."

Und zog den ernüchternden Schluß:

„Wir müssen die Beziehung des Geistes zum Gehirn nicht nur als ungelöst betrachten, vielmehr als bar jeder Grundlage für einen ersten Anfang."

Dem pflichtete Edgar Adrian bei und fügte hinzu, daß vielleicht Psychologen über den fehlenden Teil, „den Teil, der mit dem Geist zu tun hat", spekulieren könnten. Dies sei aber für ihn, einen Neurophysiologen, unangebracht und unfruchtbar. Ebenso lehnte es der Gehirnanatom W. E. Le Gros Clark aus Oxford ab, in den Äther abzuheben. Es sei bereits eine Riesenaufgabe zu erforschen, wie das Ding auf rein anatomischer Ebene funkioniert. Der Anatom Zukerman aus Birmingham hielt das Gehirn für eine Rechenmaschine. Mit dem Begriff Geist sollte man besser Prozesse wie Wahrnehmen, Abstrahieren und Schlußfolgern belegen – und sonst nichts. Zukerman gebrauchte technische Metaphern für das Gehirn wie Rechenmaschine, Kamera und Tonband. Der Psychiater E. T. O. Slater aus London hielt die Leib-Seele-Beziehung für so eng, daß man beide besser als Einheit auffasse. Demgegenüber ging der Neurologe Russell Brain wie Sherrington und Adrian von der Existenz eines Geistes aus, der nicht mit Physik zu verstehen sei.

Der Philosoph Viscount Samuel warnte vor dem irrationalen Bestreben, Geist in Materie oder umgekehrt Materie in Geist auflösen zu wollen. Wir sollten uns hüten, süchtig danach werden. Welchen Grund gebe es, eine Vereinheitlichung (unification) der einen oder der anderen Art zu rechtfertigen? Eine essentielle Dualität zu akzeptieren, bleibe die Alternative. A. J. Ayer vom University College in London war zuversichtlich, daß physikalische Mechanismen für alle Phänomene verantwortlich seien. „Sind einmal alle Fakten vollständig beschrieben, bleibt kein Geheimnis mehr übrig." Der dritte Philosoph, Gilbert Ryle, hatte bereits zuvor den Begriff „Geist in der Maschine" geprägt, um die zwanghafte Suche nach metaphysischem Geist ad absurdum zu führen. Geist sei eine Erfindung von Menschen, die Phänomene nicht erklären könnten, wie die von Bauern, die zum ersten Mal eine Dampflokomotive fahren sehen und in deren Inneren vergeblich nach Pferden suchten. „Was die

Bauern daran hinderte, das Pferd zu finden, war nicht, daß es ein Geist-Pferd war, sondern daß es kein Pferd gab."

Penfield führte aus, die wissenschaftliche Basis zur Erklärung des Geistes liege in der „Schalttafel" des Gehirns, d. h. im höchsten Mechanismus des oberen Hirnstamms. „Der obere Hirnstamm ist, zusammen mit dem Teil des Cortex, der im Moment beschäftigt ist, Sitz des Bewußtseins." Wenngleich Penfield, wie Jefferson Lewis bemerkte, in jede Falle trat, die Ryle, Ayer und die anderen „Nichtgläubigen" ausgelegt hatten, und die metaphysischen Ausschweifungen eines Chirurgen Befremden hervorriefen, tat dies seinem Ruf keinen Abbruch. 1952 erhielt er die höchste Auszeichnung des Vereinigten Königreichs, *The Order of Merit*.

Penfield hatte einen Weitwurf getan, dem die meisten Experten nicht folgen mochten. Forscher nach ihm, forderte er, sollten die graue Substanz lokalisieren, die während bewußter Erlebnisse aktiv ist. Ebenfalls sollten sie den Zusammenhang zwischen dem Fokussieren der Aufmerksamkeit und neuraler Aktivität klären. Und schließlich sollten „frische Forscher entdecken, wie es ist, daß die Bewegung von Potentialen zu Gewahrsam wird und wie eine Absicht in eine geordnete neuronale Botschaft übersetzt wird". Eines Tages werde man die „Energie" des Geistes entdecken, war er überzeugt.

Am Ende wurde Penfield doch noch bescheidener. Während der Arbeit an *The Mystery of the Mind* hatte er sein Thema an einen Felsen gepinselt. Dabei verband er das Gehirn durch eine Linie mit dem Äskulap-Stab der Heilkunst und weiter mit dem griechischen Wort für Geist. Bei seinem letzten Besuch am „painted rock" änderte der 84jährige die solide Verbindung zwischen Geist und Gehirn in eine unterbrochene.

„I have a splitting headache!"

Roger Sperry (1913–1994)

Im Jahr 1953 entschließen sich der Nervenforscher Roger Sperry und sein Doktorand Ronald Myers an der Universität von Chicago zu einem monströs anmutenden Tierversuch. Sie trennen in einer Operation an einer Katze diejenigen Sehnerven, die sich im Gehirn kreuzen, sowie den Balken, jene mächtige Nervenbrücke, die die Gehirnhälften verbindet. Die Funktion des Balkens, der beim Menschen aus 200 Millionen Nervenfasern besteht, ist unbekannt. Man weiß nur, daß er eine epileptische Entladung auf die andere Gehirnhälfte übertragen kann. Die Katze ist schnell wieder auf den Beinen und erscheint auf den ersten Blick ganz normal. Als Sperry und Myers jedoch die Wahrnehmung des Tieres testen, sind sie verblüfft. Die Katze verhält sich so, als ob sie zwei selbständige Gehirne im Kopf hat. Hat sie eine Aufgabe auf dem linken Auge gelernt, bei abgedecktem rechten Auge, so weiß anschließend die rechte Gehirnhälfte nichts davon! Weitere Versuche zeigen, daß jede Gehirnhälfte unabhängig von der anderen wahrnimmt, lernt und sich erinnert. In den folgenden Jahren führt Sperry am California Institute of Technology entsprechende Versuche an Affen durch. Im Jahr 1961 entschließen sich die Chirurgen Philip Vogel und Joseph Bogen zu einer ultimaten Operation.

Die Ärzte am White Memorial Hospital in Los Angeles greifen zu dem drastischen Mittel der Balkendurchtrennung, um Milton Brown, einen Kriegsveteran, zu behandeln, der unter fortschreitender und unheilbarer Epilepsie leidet. Der Balken überträgt die epileptischen Entladungen auf die andere Seite und entfesselt täglich bis zu 20 schwere Hirngewitter. Der Eingriff stellt sich als Erfolg heraus, Anzahl und Schwere der Anfälle gehen deutlich zurück, jetzt wirken auch Medikamente. Zunächst sind die Ärzte besorgt, weil Brown anfangs nicht sprechen kann, doch innerhalb eines Monats gewinnt er die Sprache zurück. Alle folgenden split-brain-Patienten behalten

Roger Sperry, 1981

ihr Sprechvermögen, wie jener 12jährige Junge, der mit der Bemerkung aus der Narkose aufwacht: „I have a splitting headache!" (Ich habe spaltende Kopfschmerzen). Als die Krankenschwester ihn auffordert, noch etwas zur Probe zu sprechen, antwortet er: „Peter Piper picked a peck of pickled peppers!"

Spürt er wirklich Kopfschmerzen getrennt? Der Junge hat womöglich nur gewitzelt, aber hat er jetzt nicht wie Sperrys split-brain-Tiere zwei unabhängige Gehirnhälften im Kopf? Ist am Ende sein Bewußtsein geteilt oder gedoppelt? Manche Zeitgenossen, tief bewegt durch die tragische Geschichte von Dr. Jekyll/Mr.

Hyde, befürchten, die Operation habe am Ende zwei Personen in einem Körper geschaffen. Eines Tages macht Sperrys Doktorand Michael Gazzaniga eine merkwürdige Entdeckung: Hält ein Patient mit der linken Hand eine Tasse, ohne sie zu sehen, kann er einfach nicht sagen, was es ist. Nimmt er die Tasse in die rechte Hand, hat er kein Problem, sie zu benennen. Ähnlich verhält es sich mit Dingen, die im linken Gesichtsfeld erscheinen. Gazzaniga zeigt dem Mann eine Karte mit dem Wort „Laus". Sieht der Mann das Wort nur in seinem linken Gesichtsfeld, dann kann er es nicht lesen. Greift er mit der Linken in eine Tasche, dann kann er nicht sagen, was er darin tastet. Und einmal versucht ein Patient, mit der einen Hand seine Hose hochzuziehen, während die andere nach unten zieht. Es ist der Auftakt zu den berühmten split-brain-Experimenten, mit denen Sperry, Gazzaniga und andere prüfen, wie die Trennung der Gehirnhälften die Wahrnehmung, Sprache und das Bewußtsein verändert.

Am Ende räumen sie mit der Vorstellung auf, die linke Gehirnhälfte sei der rechten allgemein überlegen. Die linke Gehirnhälfte kann Sprache verstehen und hervorbringen und verfügt über das mächtige Instrument der Logik. Wie ein Computer analysiert und löst sie Probleme. Sie ist eine unaufhörlich brabbelnde Deuterin unserer zahlreichen Erfahrungen und Erlebnisse. Am laufenden Band erzeugt sie Theorien über unsere Mitmenschen und über uns selbst, sie schreibt unsere Lebensgeschichte und erfindet unser Ich. Sie läßt uns auch glauben, wir seien Herr im eigenen Haus. Und: nicht selten erzählt sie Märchen. Auf alles macht sie sich ihren Reim, stets auf der Suche nach Sinn findet und erfindet sie ihn. Sie kann nicht anders. Die rechte Gehirnhälfte dagegen ist ein „stummer Passagier, der die Führung weitgehend seinem Partner überläßt". Die rechte Hälfte besitzt die einzigartige Gabe, Gesichter zu erkennen und ist der linken Seite in der Raumerfassung und im Sehen und Hören weit überlegen. Sie hat ihre unsichtbare Hand im Spiel, wenn wir – auf was auch immer – aufmerksam werden.

Roger Wolcott Sperry wurde am 20. August 1913 in Hartford, Connecticut, geboren. Sein Vater, ein Bankier, starb, als Roger 11 Jahre alt war. Darauf nahm seine Mutter ein Studium der Betriebswirtschaft auf und erhielt eine Anstellung an einer örtlichen High School. Sperry, der viel Zeit auf einer Farm in der Nachbarschaft verbrachte, entwickelte ein lebenslanges Interesse für die Natur. Während seines Psychologie-Studiums am Oberlin College in Ohio entdeckte er seine Faszination für das Gehirn. Nach dem Abschluß wechselte er zur Biologie und kam ins Labor von Professor Paul Weiss an der Universität von Chicago, wo er 1941 zum Ph. D. promovierte.

Von 1942 bis 1945 leistete Sperry Militärdienst beim Office of Scientific Research and Development im Nerve Injury Project. In einer Reihe von Veröffentlichungen teilte er mit, daß das motorische System der Ratte „fest verkabelt" (hard-wired) und durch Transplantationen nicht modifizierbar sei. Die Resultate wurden von Chirurgen bei der Behandlung verletzter Soldaten berücksichtigt. Bis 1946 arbeitete Sperry als Postdoc, zuerst unter Karl Lashley an der Harvard University, dann für sechs Jahre an den Yerkes Laboratories für Biologie der Primaten in Orange Park, Florida. Dort stellte er fest, daß die ursprüngliche Verschaltung der Sehnerven von Amphibien Gehirnfunktionen ein für allemal festlegte. Daran konnte auch ein Training der Tiere nichts mehr ändern. Überdies fand er, daß chemische Substanzen und letztlich Gene die Knüpfung von Nervenzellnetzen im Gehirn steuerten. Zunächst erschien es unmöglich, wie jede einzelne unter Milliarden Nervenzellen ihr mehr oder weniger vorprogrammiertes Ziel fand. Sperrys Schalttafel-Theorie setzte sich gegen das von Paul Weiss vorgeschlagene Resonanz-Prinzip durch, demzufolge die Sinneserregung Teile des Gehirns in ähnlicher Weise einstimmen sollte wie Rundfunkwellen die Empfangsteile eines Radiogerätes.

Roger Sperry und Norma Deupree heirateten am 28. Dezember 1949. Sie hatten einen Sohn und eine Tochter. Norma arbeitete fortan eng mit ihm zusammen. Als Sperry sich bei einem Affen mit Tuberkulose ansteckte, erholte er sich nach Absprache mit den Ärzten auf seine Weise mit Wandern, Schwimmen, Angeln und Schreiben. Nach 6 Monaten bescheinigte man ihm vollkommene Genesung.

Nach Chicago zurückgekehrt, war Sperry erst Assistenz-Professor für Anatomie, dann ab 1952 außerordentlicher Professor für Psychologie. In den Jahren 1952/53 leitete er die neurologische Abteilung des amerikanischen Gesundheitsinstitutes NIH. Die nächsten drei Dekaden, von 1954 bis 1984, war Sperry Professor für Psychobiologie am California Institute of Technology (Caltech) in Pasadena. Im Jahr 1981 wurde Sperry der Nobel-Preis für Medizin oder Physiologie verliehen. „Seine Arbeit hat uns einen Einblick in die innere Welt des Gehirns verschafft", befand das Nobel-Komitee, „die uns bislang fast vollständig verborgen war. Mit seinen Entdeckungen der Spezialisierung der beiden Gehirnhälften hat er uns eine ganz neue Dimension in unserer Auffassung der höheren Funktionen des Gehirns gegeben."

In seinen späten Jahren beschäftigte sich Sperry mit der wissenschaftlichen Begründung einer Ethik. In seinem Buch *Science and Moral Priority* (Naturwissenschaft und Wertentscheidung) behauptete er 1983, subjektive Werte und Einstellungen übten die „höchste Kontrollgewalt über die Kausalzusammenhänge im Entscheidungsapparat des Menschen" aus. Sperry gehörte einer Gruppe international renommierter Wissenschaftler an, die 1994 nach langjährigen Beratungen den Vereinten Nationen *Eine Erklärung der Menschenpflichten* (A Declaration of Human Duties) vorschlug.

Sperry, der die Wissenschaften ebenso wie die Natur liebte, servierte auf Parties in den 1960er Jahren seinen „split-brain-Punch". Er liebte es, mit der Familie an einsamen Stränden in Baja California zu campen oder im Südwesten nach Ammoniten und Dino-Knochen zu suchen. Das Haus der Sperrys war voll mit seinen Plastiken und Gemälden.

Roger Sperry starb am 18. April 1994 an den Folgen eines Herzinfarktes in Pasadena.

Um die klassischen split-brain-Experimente zu verstehen, muß man die Sehbahnen kennen. In einem Satz: Das linke Gesichtsfeld erregt die rechte Gehirnhälfte, und das rechte Gesichtsfeld die linke. Überdies ist wichtig zu beachten, daß die meisten Menschen ausschließlich mit ihrer linken Gehirnhälfte sprachliche Äußerungen produzieren. Schließlich steuert das linke Gehirn die rechte Hand, und das rechte Gehirn die linke.

Die rechte Gehirnhälfte, so zeigte sich, ist durchaus verständig. Gab man z. B. einem split-brain-Patienten, dem man die Augen verbunden hatte, eine Zahnbürste in die linke Hand, dann identifizierte er sie non-verbal: Gefragt, was er in der Hand hielt, bewegte er sie auf Mundhöhe hin und her. Das rechte Gehirn verstand auch Sprache, wie sich in einem Versuch mit einem speziellen Apparat, dem Tachistoskop, zeigte. Dabei wurde das Wort „Schlüssel" auf einer Leinwand links kurz aufgeblendet, während der Patient eine Markierung auf der Mitte fokussierte und keine Zeit hatte, mit seinen Augen dem Blitz zu folgen. Tatsächlich gaben Patienten an, überhaupt nichts gesehen zu haben. Aufgefordert, mit der linken Hand hinter die Leinwand zu greifen und nach dem passenden Gegenstand zu tasten, entschieden sich Patienten für den Schlüssel. Das rechte Gehirn kann auch assoziieren. Blitzte im linken Gesichtsfeld das Bild einer Zigarette auf, dann griff die linke Hand einen Aschenbecher heraus, sofern sich keine Zigarette unter den Gegenständen befand.

Wie sich zudem herausstellte, neigt die linke Gehirnhälfte dazu, Erklärungen zu erfinden. Ein Patient sah in seinem rechten Gesichtsfeld – also mit seiner linken Gehirnhälfte – einen Hühnerfuß und im linken Gesichtsfeld ein eingeschneites Haus. Er hatte eine Reihe von Bildern vor sich liegen und wurde aufgefordert, die beiden korrespondierenden (Huhn und Schneeschaufel) herauszufinden. Mit der rechten Hand zeigte der Patient korrekt auf das Bild vom Huhn. Ebenfalls richtig wies der Mann mit der linken Hand auf die Schaufel. Gefragt, warum er diese Wahl getroffen habe, sagte er: „... man muß mit einer Schaufel den Hühnerstall ausmisten." Tatsächlich hatte jedoch die rechte Gehirnhälfte die Entscheidung getroffen, die nichts mitteilen konnte. Während sie also stumm blieb, erfand die linke Gehirnhälfte eine Erklärung, die mit der Entscheidungsfindung nichts zu tun hatte.

In einem anderen Test wurde dem Patienten das Bild eines chimärischen Gesichtes aufgeblendet, dessen eine Hälfte weiblich, die andere männlich war. Tatsächlich fiel dem Mann überhaupt nicht auf, daß das Gesicht ungewöhnlich war, und er gab an, das Gesicht eines Mannes gesehen zu haben. Der männliche Teil war in seinem rechten Gesichtsfeld erschienen und daher in seiner linken Gehirnhälfte abgebildet worden. Als die Person gebeten wurde, aus einer Reihe von Fotos, das gesehene Gesicht herauszufinden, wählte er das Foto von der Frau aus! Die rechte Gehirnhälfte dominiert in der Verarbeitung visueller Eindrücke und, wie sich herausstellte, geruchlicher und klanglicher.

Eine Ungleichheit oder Asymmetrie der Gehirnhälften war lange bekannt. Tatsächlich entstand im 19. Jahrhundert ein sehr polares Bild vom doppelten Gehirn, geprägt durch verschiedenste Mythen und gesellschaftlich-kulturelle Normen. Seit der Entdeckung der Sprachregionen (durch Broca und Wernicke) in der linken Gehirnhälfte galt sie als die denkende und intellektuell überlegene Hirnhälfte. Da sie zudem die rechte Hand steuerte, mußte sie die dominante sein. Nach Anne Harrington, die sich eingehend mit dem „Gehirn als Mythos und Metapher" beschäftigte, läßt sich das Bild, das Mediziner im 19. Jahrhundert von der Polarität der Gehirnhälften entwickelten, so zusammenfassen:

Linke Gehirnhälfte	*Rechte Gehirnhälfte*
menschlich	tierlich
Stirnlappen	Hinterhauptlappen
motorische Aktivität	sensorische Aktivität
Willensakt	Instinkt
Intelligenz	Leidenschaft/Emotion
Leben aus Relationen	organisches Leben
männlich	weiblich
weiße Überlegenheit	nichtweiße Unterlegenheit
Bewußtsein	Unbewußtsein
Vernunft	Wahnsinn

Dieses Image vom linken und rechten Gehirn, das sich in Teilen bis Mitte des 20. Jahrhunderts erhielt, zersprang angesichts der Ergebnisse der split-brain-Experimente. Wie Sperry und andere Forscher zeigten, ist die isolierte linke Gehirnhälfte auf abstrakte Zusammenhänge eingestellt, auf symbolische Relationen und logische Detailanalysen in zeitlichen Schritten. Die linke Seite kann sprechen, schreiben, rechnen und gleicht einem Computer. Sie ist auch führend in der Steuerung der Feinmotorik. Die rechte Hälfte dagegen ist stumm, ihr fehlt weitgehend die Möglichkeit, mit der Umwelt Kontakt aufzunehmen. Nach Sperry erscheint die rechte Hälfte „zunächst als stummer passiver Passagier, der die Führung weitgehend seinem Partner überläßt". Zudem fehlt ihr fast ganz die Fähigkeit zu rechnen, zu schreiben, und in der Lesefähigkeit ist sie stark eingeschränkt. Die rechte Hälfte ist jedoch der linken überlegen im konkreten Denken, in der Raumerfassung, im Gesichter- und Mustererkennen sowie in der Auslegung von Gehöreindrücken, z. B. im Erkennen von Stimmen und Sprechmelodien, und in der Musikerfassung.

Als ein Witz der Geschichte kehrte sich das Image der beiden Gehirnhälften um: Die rechte wurde zur guten, menschlichen und unterdrückten Seite. Joseph Bogen glaubte, daß nicht nur split-brain-Patienten, sondern auch gesunde Menschen funktionell unabhängige und kognitiv komplementäre Gehirnhälften besäßen. Die rechte Seite, das „andere" Gehirn, das Informationen synthetisch und nichtlinear verarbeitete, sollte Musik und andere Künste und vielleicht Träume hervorbringen. Die alten Gegensätze zwischen Vernunft und Intuition, Wissenschaft und Kunst, Yang und Yin übertrug er auf das doppelte Gehirn. Sperry schienen das Bildungssystem und die moderne Gesellschaft „die nichtsprachliche, nichtmathematische, untergeordnete Hemisphäre" zu benachteiligen. Die Wiederentdeckung des doppelten Gehirns in den 1960er und 70er Jahren, so Anne Harrington, fiel in eine Zeit, in der Wissenschaft, Technik und Rationalität skeptisch hinterfragt und zum Teil heftig kritisiert wurden. Als Robert Ornstein 1970 ausführte, die westliche Welt habe die linke, logische Gehirnhälfte überentwickelt auf Kosten der rechten, intuitiven und dadurch ebenso Überrüstung wie Übertechnisierung und Ausbeutung von Mensch und Natur geschaffen, sahen viele Zeitgenossen in einer Vorherrschaft der linken Gehirnhälfte die Wurzel allen Übels. Die meisten gingen schlicht über die Tatsache hinweg, daß sich die beiden Hirnhälften im normalen Gehirn intensiv austauschen und zusammenarbeiten. In Kalifornien sah man Leute mit eingegipstem rechten Arm herumlaufen, die auf diese Weise die intuitiven Fähigkeiten ihres rechten Gehirns entwickeln wollten ...

Sperry war überzeugt, daß jede Gehirnhälfte ein eigenes Bewußtsein besaß. Beide Gehirnhäften seien unabhängig voneinander und oft gleichzeitig bewußt, so daß die eine von der mentalen Erfahrung der anderen nichts wisse und ihre Unvollständigkeit „vergesse". In einer Vorlesung bezeichnete er das Gehirn als „zwei Reiche des bewußten Gewahrseins; zwei empfindende, wahrnehmende, denkende und erinnernde Systeme". Er betrat das unsichere Gelände der Bewußtseinsforschung.

Sperry bemängelte, daß die Naturwissenschaft, die Gehirnvorgänge mit objektiven Begriffen belegt, subjektives, mentales Erleben unter den Tisch fallen läßt. Zunächst sei dies allerdings verständlich, denn vom objektiven Standpunkt eines Experimentators aus gesehen, ist in den materiellen Gehirnvorgängen kein Platz für so etwas wie bewußte Erfahrung. Da sich Gedanken oder Gefühle nicht messen oder wiegen ließen, ignorierten experimentelle Neurowissenschaftler Phänomene des Bewußtseins oder der introspektiven, subjektiven Erfahrung. Sie betrachteten sie meist als Nebenprodukte oder Epiphänomene objektiv erforschbarer Gehirnvorgänge. In Sperrys Worten:

> „Es war lange Zeit Brauch in der Gehirnforschung, auf Bewußtsein zu verzichten als auf einen ‚inneren Aspekt' der Gehirnverarbeitung oder als eine Art paralleles, passives ‚Epiphänomen', ‚Paraphänomen' oder ein anderes unwirksames Nebenprodukt, oder es sogar als nur ein Artefakt der Semantik anzusehen, als ein Pseudoproblem."

Das Dilemma mit subjektiven Erlebnissen besteht darin, daß sie nur dem Subjekt, seinem Ich, und niemand sonst zugänglich sind. Aber subjektive Erlebnisse existieren wirklich, davon war Sperry überzeugt. Wenn wir uns umsehen und Gegenstände verschiedener Form und Farbe sehen, begleitet von Geräuschen und Gerüchen, dann, so Sperry, sind diese Qualitäten nicht wirklich da draußen. Sie sind nicht Teil der physischen Objekte, vielmehr Gehirnprodukte genauso wie Halluzinationen oder Phantomschmerzen. Die wahrgenommenen Farben, Formen, Klänge und Gerüche existierten dagegen wirklich im Gehirn als Produkte der Sinnesorgane und neuronalen Verarbeitung. Der Psychobiologe machte das am Beispiel von Schmerzen deutlich, und zwar, um die Sache zuzuspitzen, an Phantomschmerzen.

> „Hinsichtlich des Phantomschmerzes behaupte ich, daß alles Stöhnen, das er unserem Patienten entlockt, und alle anderen Reaktions- oder Verhaltensmuster, die vielleicht auf die Schmerzempfindung zurückgeführt werden, tatsächlich ihre Ursache nicht in der Biophysik, Chemie oder Physiologie der zerebralen Erregung als solcher haben, sondern in der Schmerzqualität, der Eigenschaft des Schmerzes per se. Damit kommen wir nun zum springenden Punkt in unserer Argumentation. Nervenerregungen gehören natürlich ebenso zu Lust wie zum Schmerz, und dasselbe gilt für jeden anderen Sinneseindruck. Entscheidend ist die unverwechselbare Struktur des zentralnervösen Erregungsverlaufs, die eben Schmerz und nicht irgend etwas anderes produziert. Es ist die umfassende Funktionseigenschaft dieses Schmerzmusters als eines Erregungsmusters, das in der Ursachenkette der

Gehirnaktivität eine entscheidende Rolle spielt. Dieses Muster hat eine eigene Dynamik, deren qualitative Auswirkung unter funktionellen und operationalen Aspekten und hinsichtlich ihres Einflusses auf ein lebendes, nicht betäubtes Gehirn begriffen werden muß. Gerade dieser umfassende Mustereffekt in der Gehirndynamik macht die Schmerzqualität des bewußten Erlebens aus. Der Versuch, das Schmerzmuster oder irgendwelche anderen geistig-seelischen Qualitäten nur unter dem Gesichtspunkt der raumzeitlichen Anordnung von Nervenimpulsen zu erklären, ohne auf die geistigen Eigenschaften und Qualitäten selbst einzugehen, wäre (...) unglaublich sinnlos."

Sperry hatten Schriften des Biologen Lloyd Morgan über emergente Evolution tief beeindruckt. *Emergenz* gründet auf dem uralten Prinzip, daß ein Ganzes mehr ist als die Summe seiner Teile. Emergenz wird aufgefaßt als die Erscheinung neuer Eigenschaften im Laufe der Entwicklung oder Evolution, die sich in einem früheren Stadium nicht voraussehen lassen. So ist eine Zelle mehr und etwas anderes als die Summe der Moleküle, aus denen sie besteht. Ein anderes Beispiel ist Wasser: Seine Eigenschaften lassen sich nicht auf Eigenschaften eines einzelnen Moleküls zurückführen. Treten Teile in Wechselwirkung, tauchen neue, emergente Eigenschaften auf.

Nach Sperry entsteht das Gehirn emergent aus dem Zusammenwirken zahlreicher Nervenzellnetze. Ebenso sollten Bewußtseinszustände aus dem Zusammenwirken nichtbewußter Nervenprozesse auftauchen:

„Innerhalb des Gehirns steigen wir begrifflich in einem hierarchisch geordneten Kontinuum von den Elementarteilchen über die Atome, Moleküle und Zellen hinauf zur Stufe der neuralen Schaltsysteme ohne Bewußtsein und schließlich zu den Gehirnprozessen mit Bewußtsein."

Subjektive Erlebnisse gingen also aus Gehirnprozessen hervor. Geist und Bewußtsein seien dynamische, emergente Eigenschaften des aktiven Gehirns. In Sperrys Worten:

„Erstens wird bewußtes Gewahrsein in dieser Sicht als eine emergente, dynamische Eigenschaft cerebraler Erregung gedeutet. Als solche wird bewußte Erfahrung untrennbar an den materiellen

Gehirnprozeß mit all seinen strukturellen und physiologischen Zwängen gebunden. Zur gleichen Zeit sind dieser Auffassung nach die bewußten Eigenschaften der Gehirnerregung aus eigenem Recht etwas Anderes und Besonderes. Sie sind ‚anders als und mehr als' die Summe aus den neuro-physikalisch-chemischen Ereignissen, aus denen sie aufgebaut sind."

Subjektives Erleben war ein Ergebnis der Erregungsmuster des Gehirns – ihnen gleichsam aufgesattelt – doch seine Eigenschaften ließen sich nicht auf einzelne Nervenprozesse zurückführen. Dann tat Sperry einen bedeutsamen Schritt. Nach seinen eigenen Worten spannte er das Bewußtsein für Arbeit ein. Er behauptete, Ideen, Gedanken und Vorstellungen, also die emergenten Eigenschaften der Nervenprozesse, wirkten auf die Nervenprozesse zurück und regten hochgeordnete Aktivitätsmuster an. Das integrierte Ganze sollte eine emergente Kontrolle von oben nach unten ausüben (*downward causation*).

„Wie die ganzheitlichen Eigenschaften des Organismus ursächliche Wirkungen haben, die Lauf und Schicksal seiner ihn konstituierenden Zellen und Moleküle bestimmen, so haben in gleicher Weise die bewußten Eigenschaften der Gehirnaktivität nach diesem Konzept analoge kausale Wirkungen auf Gehirnfunktionen, die untergeordnete Ereignisse im Fließmuster der Nervenerregung steuern. In diesem holistischen Sinn könnte man sagen, daß Geist über Materie gesetzt wird, jedoch nicht als ein entkörpertes oder übernatürliches Agens."

Emergente Kontrolle sollte für die frappierende zeitliche und räumliche Koordination der Nervenaktivität verantwortlich sein. Das Bewußtsein dirigierte die Musterbildung der Gehirnerregungen. Wie aber konnte dies geschehen? Wenn mentale Vorgänge Fließmuster der Nervenerregungen organisieren, dann, so Sperry, verletzen sie in keiner Weise die biophysikalischen Regeln über die Entstehung und Ausbreitung von Nervenimpulsen. Mentale Prozesse sollten nach seiner Vorstellung nicht direkt in die bekannten Vorgänge eingreifen, vielmehr ihnen hinzutreten und sie „überlagern".

Sperry, der diese Gedanken zum ersten Mal 1965 auf einer Veranstaltung an der Universität von Chicago öffentlich vortrug, stieß auf verständnislose Reaktionen. Die meisten Gehirnforscher lehnten die Ansicht ab, die elektrischen oder chemischen Prozesse im Gehirn, die sie erforschten, könnten in irgendeiner Weise durch mentale Kräfte beeinflußt werden. Was immer das Bewußtsein war, man war sich weitgehend einig darüber, daß es auf elektrophysiologische oder biochemische Prozesse im Gehirn keinen Einfluß hatte. Doch Sperry war sicher, daß Bewußtseinsvorgänge neurophysiologische Prozesse steuerten.

Gibt es Regeln, nach denen Bewußtseinsvorgänge aus raumzeitlichen Erregungsmustern auftauchen oder sogar einen „Gehirncode" für Gedanken und Gefühle? Vorerst liegen die allgemeinen Prinzipien noch völlig im Dunkeln, sagte Sperry 1969 zu derartigen Spekulationen, nach denen Nerven-Schaltkreise Bewußtsein hervorbringen.

„Erstaunlicherweise war ich zu zaghaft!"

John C. Eccles (1903 – 1997)

Während auf der nördlichen Halbkugel der Zweite Weltkrieg tobt, versetzt in Neuseeland Karl Raimund Popper die wissenschaftliche Gemeinde in Unruhe. Am Canterbury University College in Christchurch doziert der österreichisch-englische Philosoph, wie der Hase der wissenschaftlichen Erkenntnis läuft: Haken, Schleifen und Sprünge sind an der Tagesordnung, von Geradlinigkeit auf größeren Strecken keine Spur. Zweihundert Meilen weiter südlich, an der dem Südpol nächstgelegenen Universität im Städtchen Dunedin hört der Neurobiologe John C. Eccles von Popper. Der 41jährige Australier Eccles befindet sich auf seiner „wissenschaftlichen Odyssee", die ihn nach Jahren in Melbourne, Oxford und Sydney vorerst auf die südliche Neuseeland-Insel verschlagen hat. Poppers Ansichten findet er höchst spannend.

Auf Einladung der Universität Otago in Dunedin hält Popper 1944 dort fünf Gastvorlesungen über Wissenschaftsphilosophie, die großen Anklang bei Lehrern und Studenten finden. Lebendige Wissenschaft, lehrt Popper, sei ein permanenter Prozeß, in dem das Aufstellen von kreativen Hypothesen die Hauptrolle spiele. Forscher schlagen Hypothesen vor und sondern mit Experimenten oder anderen empirischen Methoden diejenigen aus, die sich als unhaltbar erweisen. Eccles, ermutigt in seinen ehrgeizigen wissenschaftlichen Plänen, freundet sich mit dem Philosophen an.

33 Jahre später, 1977, schlagen Sir Karl Popper und Sir John Eccles – beide sind inzwischen geadelt und mit Ehrungen überhäuft – eine gewagte Theorie über das Zusammenspiel von Gehirn und Geist vor. Er habe bereits mehrere Versuche in der Richtung gemacht, meint Eccles, doch bislang sei er zu zaghaft gewesen. Jetzt hat er Mut gefaßt. Es gibt drei Welten behaupten die Autoren, neben der physikalisch beschreibbaren Welt aus Materie oder Energie gibt es die Welten der subjektiven Bewußtseinszustände und des objektiven

Sir John Carew Eccles, 1971

Wissens. Zu Bewußtseinszuständen (Welt 2) zählen das subjektive Wissen eines jeden Menschen sowie sein Erleben von Wahrnehmungen, Denken, Gefühlen, Absichten, Erinnerungen, Träumen und schöpferischen Vorstellungen. Subjektives Wissen und Erleben lassen sich nicht objektivieren, weil nur die Erste Person, das Ich, Zugang zu ihnen hat. Psychische oder mentale Zustände der Welt 2 treten mit physikalischen Prozessen der Welt 1 in Wechselwirkung. Ein Beispiel ist Zahnschmerz, der sich aus dem subjektiven Erleben des Zahnschmerzes und den physikalischen Prozessen des beschädigten Zahns und der gereizten Nerven zusammensetzt. Zur Welt des objektiven Wissens (Welt 3) gehören Kunstwerke, Sprachen, wissenschaftliche Theorien und alle geistigen Produkte, die als objektives

Wissen das Kulturerbe bilden. Die drei Welten, die sich teilweise überlappen, sind durch vielfache Wechselwirkungen verbunden.

Die Autoren schlagen eine Art Gegenverkehr zwischen Gehirnprozessen und Bewußtseinszuständen vor (Interaktionismus). Zum Beispiel steuern Absichten, also Bewußtseinszustände, das Gehirn, während gleichsam auf der Gegenfahrbahn Sinneserregungen Bewußtseinszustände erzeugen. Das Selbst-Bewußtsein soll aus Nervenprozessen bestimmte Informationen als Bewußtseinszustände „herauslesen". Eccles entwirft eine abenteuerlich anmutende Modellvorstellung darüber, wie sich Geist und Gehirn zum *Liaison-Gehirn* verbinden und auf welche Weise sie interagieren. Die Theorie ist ein gezielter Gegenentwurf zur materialistischen Wissenschaft, in der bewußte Phänomene entweder Nervenvorgänge sind oder aus ihnen hervorgehen. Mit ihrem Buch *Das Ich und sein Gehirn* (The Self and Its Brain) erregen der renommierte Gehirnforscher und der einflußreiche Philosoph großes Aufsehen.

John Carew Eccles wurde am 27. Januar 1903 in Melbourne, Australien, geboren. Seine Eltern waren beide Lehrer. Nach Abschluß des Medizinstudiums in Melbourne ging Eccles 1925 als Stipendiat nach Oxford, studierte bei Charles Sherrington und promovierte 1929. Während seiner Zeit in Oxford arbeitete Eccles über die Übertragung der Erregung an den Synapsen im zentralen und peripheren Nervensystem und in Muskeln. In der damals heftig debattierten Frage, ob Nervenimpulse an Synapsen elektrisch oder chemisch übertragen werden, schlug sich Eccles zunächst auf die Seite der „Elektriker". Doch bald sollte er maßgeblichen Anteil an der Aufklärung der chemischen Transmission haben.

1937 verließ Eccles England und leitete in Sydney eine kleine Forschergruppe, die elektrophysiologische Vorgänge an Nerv-Muskel-Verbindungen aufklärte. Als der Weltkrieg ausbrach, arbeitete er für das Militär. Von 1944 bis 1951 war Eccles Physiologie-Professor an der Universität von Otago in Dunedin, Neuseeland. Eccles, Brock und Coombs gelang es 1951, mit einer Mikroelektrode Potentiale einer einzelnen Nervenzelle abzuleiten. Die Ergebnisse flossen ein in sein Buch *The Neurophysiological Basis of the Mind: The Prinicples of Neurophysiology* aus dem Jahr 1953. Als Professor für Physiologie an der Universität in Canberra (1952-1966) entdeckte er mit Coombs und Fatt die chemische Übertragung mittels Neurotransmitter an den Synapsen, die ihm, Alan Hodgkin und Andrew Huxley 1963 den Nobel-Preis einbrachten. Die Synapsen geben Überträgersubstanzen ab (Neurotransmitter), die die kontaktierte Nervenzelle entweder erregen oder hemmen. Im Jahr 1964 faßte Eccles den Stand des Wissens in *The Physiology of Synapses* zusammen.

In den Jahren ab 1960 arbeitete Eccles über die Organisation nervlicher Bahnen sowie komplexer Gehirnstrukturen wie des Thalamus, Hippocampus und Kleinhirns. In den USA, wo er ab 1966 in Chicago und ab 1968 in Buffalo arbeitete, veröffentlichte er Bücher über das Kleinhirn und über hemmende Bahnen des Nervensystems. Im Jahr 1975 legte er seine Lehrtätigkeit nieder. Zwei Jahre später kamen der Wissenschaftsphilosoph Karl Popper und John Eccles mit ihrem Buch *The Self and its Brain* (Das Ich und sein Gehirn) heraus, in dem sie Interaktionen zwischen Gehirnprozessen und nichtphysikalischen, geistigen Einheiten, die einer „zweiten Welt" angehörten, behaupteten.

Im Jahr 1928 heiratete Eccles die Neuseeländerin Irene Frances Miller. Sie hatten 9 Kinder. Nach ihrer Scheidung 1968 heiratete er die Neurophysiologin Dr. Helena Táboríková aus Prag.

John C. Eccles starb am 2. Mai 1997 in Locarno.

Wie die übrigen Hirnforscher, mit Ausnahme von Descartes, arbeitete auch Eccles viele Jahre lang über Strukturen und Prozesse des Gehirns, um sich der Frage nach Geist und Seele zu nähern. Die Großhirnrinde ist eine 3 mm dicke, geknäuelte Decke aus dicht gelagerten Nervenzellen. Unter einem Quadratmillimeter Hirnrindenoberfläche liegen etwa 40.000 Nervenzellen. Macht man Zellen durch Anfärben sichtbar, dann blickt man in ein Dickicht aus weitverzweigten Nerven-Bäumen, die scheinbar wirr und planlos miteinander verbunden sind. Man hat die Hirnrinde mit dem Amazonas-Regenwald aus Milliarden Bäumen verglichen. Ebenso wie die Bäume des Dschungels weisen die Neuronen eine riesige Formenvielfalt auf. Jeder Versuch, den Schaltplan der Hirnrinde aufzuklären, ist zum Scheitern verurteilt, zumal wenn jedes Gehirn wieder anders verschaltet ist. Eine einzige Nervenzelle besitzt Tausende feiner Kontakte mit anderen Nervenzellen (Synapsen).

An der Oberfläche der Hirnrinde sind jeweils die Verästelungen (Dendriten) von ungefähr 200 Nervenzellen gebündelt. Eccles hielt ein Dendriten-Bündel für das zentrale Empfangselement des Cortex. Er nannte es *Dendron*. Ein Modul wiederum empfängt die Signale von einer Gruppe aus Dendronen. Ein Modul ist eine 2 bis 3 Millimeter hohe vertikale Säule im Cortex, 0,25 Millimeter im Durchmesser, die rund 4 000 Nervenzellen umfaßt. Module, so wird vermutet, sind die Funktionseinheiten, die die hochgeordneten Erregungswellen im Cortex hervorbringen.

Eccles berichtete von einem Versuch, bei dem eine Versuchsperson in einer Dunkelkammer ihre Aufmerksamkeit auf eine Fingerspitze der rechten Hand richtete. Genau in dem Augenblick stieg die lokale Hirndurchblutung, d.h. die Erregung, im linken somatosensorischen Cortex. Richtete die Person ihre Aufmerksamkeit auf ihre Lippen, dann antwortete die zuständige Stelle für die Lippe mit Erregung der Nervenzellen. Und noch etwas geschah. Neben den Stellen der Körperfühlsphäre waren Bereiche im vorderen Stirnlappen aktiv, und die Erregung breitete sich über mehrere Quadratzentimeter oder über Zehntausende Dendrone aus. Eccles war überzeugt, daß mentale, nicht physikalisch zu beschreibende Einheiten mit Dendronen in Wechselwirkung träten.

Der Gehirnforscher nahm an, daß sich alle mentalen Erfahrungen und Erlebnisse aus mentalen Einheiten zusammensetzten, die er Psychone nannte. Psychone waren die Einheiten der bewußten Wahrnehmungen, der Vorstellungen und Gefühlsqualitäten. Jedes Psychon, das einen einmaligen, erfahrungsabhängigen Charakter besitze, sei mit seinem Dendron fest verkoppelt. Psychon-Dendron-Paare organisierten sich nach Arten und Klassen zu Ensembles, die jeweils einen Bewußtseinszustand konstituierten. Eccles sprach vom *Liaison-Gehirn*, das über seine Dendrone unmittelbar mit dem Geist liiert sei.

Der Hirnforscher stellte sich die Interaktion zwischen Psychon und Dendron als ein Wahrscheinlichkeitsfeld in der Quantenphysik vor. Das Außergewöhnliche daran ist, daß ein Quanteneffekt physikalisch wirken kann, ohne Masse oder Energie zu besitzen. Nach Eccles Vorstellung sollte eine Veränderung an einem winzigen Ort der präsynaptischen Membran zur Ausschüttung der Transmittersubstanz eines Bläschens führen:

„Der mentale Akt würde also nichts anderes bewirken, als geeignete Vesikel, die sich schon in ‚günstiger' Position innerhalb des

Gitters befinden, zur Exocytose [Ausschüttung von Transmittersubstanz] auszuwählen."

Eccles vermutete, der Ort, an dem ein Psychon eingriff, sei klein genug für eine Quantenwirkung, also von der Größenordnung unter dem Atom. Ein Psychon sollte an einem der zahlreichen Bläschen in einer Synapse wirken, indem es dort das lokale Quantenwahrscheinlichkeitsfeld verändert und die Wahrscheinlichkeit einer Transmitter-Ausschüttung erhöht.

Im Lichte dieser Betrachtungen stellte sich Eccles die bewußte Wahrnehmung eines Berührungsreizes so vor: Zunächst ist Aufmerksamkeit eine Voraussetzung für eine bewußte Wahrnehmung, wir nehmen Berührungen an der Körperoberfläche nur dann bewußt wahr, wenn die repräsentative Region im Cortex, der somatosensorische Cortex, eingeschaltet oder in Bereitschaft ist. Ein äußerer Berührungsreiz aktiviert als Eingangssignal Dendrone in der somatosensorischen Region. Bis hierher ist das Geschehen noch nicht von Bewußtsein begleitet. Eccles glaubte, daß die Sinnesreizung auf Psychone wirkt:

„Dieser Zustand gibt dem mit dem Dendron verbundenen Psychon eine erhöhte Wahrscheinlichkeit, seinerseits in Übereinstimmung mit dem Quantenwahrscheinlichkeitsfeld in die selektive Exocytose einzugreifen. Erst dieser Eingriff, d.h. die Zunahme der selektiven Aktivierung synaptischer Bläschen durch das für eine tactile Wahrnehmung zuständige Psychon, stellt schließlich einen ‚Erfolg' des Signals aus der Welt 1 in der Welt 2 dar und löst damit unmittelbar eine Berührungswahrnehmung aus. Nach diesem Muster könnten auch alle anderen modalitätsspezifischen Wahrnehmungen erklärt werden, die durch eine Erregung der äußeren Sinne zustande kommen."

Subjektive Erfahrungen, so Eccles, seien aus Psychonen zusammengesetzt, „die mit bestimmten Dendronen der Großhirnrinde eng verbunden sind". Die Frage, wo in der Hirnrinde sich diese Dendrone befinden, müsse aber zunächst offen bleiben, gestand er zu. Für Willkürhandlungen, gewollte Erinnerungsabrufe und die Fähigkeit zur Reflexion machte Eccles das Ich verantwortlich. In ihrem gemeinsamen Buch *The Self and Its Brain* (Das Ich und sein Gehirn) behauptete Karl Popper,

„daß das Gehirn dem Ich gehört und nicht umgekehrt. Das Ich ist fast immer aktiv. Die Aktivität des Ich ist, wie ich meine, die einzige echte Aktivität, die wir kennen. Das aktive, psychophysische Ich ist der aktive Programmierer des Gehirns (das der Computer ist), es ist der Ausführende, dessen Instrument das Gehirn ist. Die Seele ist, wie Platon, sagte, der Steuermann. Sie ist nicht, wie David Hume und William James behaupteten, die Gesamtsumme oder das Bündel oder der Strom ihrer Erlebnisse: Das hieße Passivität. (...) Wie ein Steuermann beobachtet und handelt es (das Ich) gleichzeitig. Es ist tätig und erleidend, erinnert sich der Vergangenheit und plant und programmiert die Zukunft; es ist in Erwartung und disponiert. Es enthält in rascher Abfolge oder mit einemmal Wünsche, Pläne, Hoffnungen, Handlungsentscheidungen und ein lebhaftes Bewußtsein davon, ein handelndes Ich zu sein, ein Zentrum der Aktion."

Eccles zufolge vermitteln in jedem Augenblick immer nur Teile der Hirnrinde bewußte Erfahrung, und zwar in der dominanten, sprachbegabten Hälfte. Für die höchsten geistigen Erfahrungen führte er den Begriff „selbst-bewußter Geist" ein. Selbst-bewußter Geist bedeutet nach Eccles, „daß man darum weiß, daß man weiß". Der selbst-bewußte Geist könne seine Aufmerksamkeit selektiv auf bestimmte aktive Areale konzentrieren und deren Erregungen zu einer Erfahrung integrieren. Unmittelbar vor einer Wahrnehmung werden Informationen aus den Sinnesorganen in raumzeitliche Erregungsmuster der Hirnrinde übersetzt, die der selbst-bewußte Geist als Sinneswahrnehmung auffassen könne. Überdies rufe das Selbstbewußtsein Hirnprozesse hervor oder steuere sie, und zwar die Willkürmotorik, den Abruf von gespeicherten Informationen oder Denken und Sprechen. Die wichtigste Funktion des selbst-bewußten Geistes sei es, aus der Fülle der einströmenden und gespeicherten Informationen und der Vielzahl der vorbereiteten Handlungsentwürfe, etwas Einheitliches „herauszulesen", also die Einheit des Erlebens herzustellen. Insgesamt handele es sich um eine zwei-Wege-Kommunikation: zum einen greift das Selbstbewußtsein aktiv in neurale Aktivitäten ein und zum anderen empfängt es Informationen von ihnen. Auf welche Weise werden nun die Wechselwirkungen zwischen beiden bewerkstelligt?

Eccles ging davon aus, daß die Module des Gehirns, die jeweils etwa 20 Dendron-Psychon-Einheiten mit ähnlichen Eigenschaften umfassen, Informationen in der Hirnrinde übertragen. Ein Modul könne gegenüber dem selbst-bewußten Geist Empfänger oder Sender sein. Es wechsele zwischen den drei Zuständen offen, halboffen oder geschlossen. Der Forscher stellte sich das bewußte Selbst als eine Art „multiple Abtast- und Sondierungsvorrichtung" vor, die aus den ungeheuren und vielfältigen Aktivitätsmustern der Module in der Großhirnrinde ausliest und die selektierten Komponenten zu bewußter Erfahrung organisiert. In Eccles Worten:

> „Der selbst-bewußte Geist ist aktiv damit befaßt, aus der Menge der Liaison-Moduln, die sich größtenteils in der dominanten Hemisphäre befinden, Informationen herauszulesen. Je nach seiner Aufmerksamkeit und seinem Interesse trifft der selbst-bewußte Geist aus diesen Moduln seine Wahl und integriert diese Wahl jeden Augenblick neu, um sogar sehr schnell vergängliche Dinge zu Erfahrungseinheiten zu machen. Ferner beeinflußt der selbst-bewußte Geist diese Moduln so, daß er ihre dynamischen Raum-Zeit-Muster modifiziert. Also behaupte ich, daß der selbst-bewußte Geist eine übergeordnete, interpretierende und kontrollierende Funktion ausübt. Eine Schlüsselkomponente der Hypothese ist, daß die Einheit der bewußten Erfahrung vom selbst-bewußten Geist und nicht vom Neuronenapparat der Liaison-Felder der Hirnrinde hergestellt wird."

Er nehme an, so Eccles, daß es auch eine Informationsübertragung von Psychon zu Psychon im „zentralen Kern" der Welt 2 gebe, was die Voraussetzung für die Einheit unserer inneren Welt sei und unserer durch Wahrnehmung vermittelten Erfahrungen. Diese Psychon-Psychon-Koppelung erkläre auch den Umstand, daß wir von Augenblick zu Augenblick bewußt erfahrend leben können und hierbei die Gesamtheit unserer Erfahrungen in der mentalen Welt 2 als Einheit erleben. Doch hier endeten Eccles Mutmaßungen noch nicht. Er war überzeugt, der selbst-bewußte Geist müsse die göttliche Seele sein:

> „Jede Seele ist eine neue göttliche Schöpfung, die irgendwann zwischen der Empfängnis und der Geburt dem heranwachsenden Fötus ‚eingepflanzt' wird. (...) Man könnte dann spekulieren, daß solche psychischen Einheiten den Tod des Gehirns überleben

können und dabei ihre psychischen Erinnerungen erhalten blieben, obgleich Körper und Gehirn abgestorben sind, wie dies in manchen religiösen Vorstellungen für die menschliche Seele geglaubt wird."

Mit diesen spekulativen Überlegungen, fügte der bekennend gläubige Katholik hinzu, habe er das Grenzgebiet der Neurowissenschaften und Philosophie bereits überschritten und sich in den Bereich der letzten religiösen Konzepte der Seele und der Unsterblichkeit begeben.

Nach der Veröffentlichung von *The Self and Its Brain* gab es viel Kritik. Gabriele Stotz faßt sie in der Aussage zusammen, Eccles habe in seinem interaktionistischen Dualismus den Physikalismus nicht widerlegt und den Dualismus, d.h. die Behauptung einer eigenständigen Welt des Geistigen, nicht bewiesen. Manuel Bremer von der Universität zu Köln meint, eine nicht-dualistische Deutung der Fakten ruhe auf den besseren Argumenten. Ohnehin gebe es keine Notwendigkeit für eine dualistische Sicht der Dinge. Die Kriterien Einfachheit und Sparsamkeit begünstigten materialistische Modelle. Schließlich, so Bremer, mache der Dualismus weder die endlose Debatte über Willensfreiheit einfacher noch die über Unsterblichkeit. Die Diskussionen über Popper und Eccles haben in jedem Fall deutlich vor Augen geführt, wie sehr religiöse oder weltanschauliche Überzeugungen die Debatte beeinflußten.

Eccles Modell vom Bewußtsein ist das jüngste und womöglich auf längere Zeit letzte Beispiel einer langen Reihe gescheiterter Versuche, dem Rätsel subjektiven Erlebens experimentell-wissenschaftlich auf den Grund zu gehen, zumal wenn man das Erleben der ersten Person kategorisch von der Welt aus Materie und Energie ausschließt (Dualismus). Doch auch wenn man Phänomene des Bewußtseins innerhalb des gegenwärtigen physikalischen Weltmodells erforscht, sind wir weit davon entfernt, das Geheimnis zu lüften.

In der gegenwärtigen Diskussion vertreten die meisten Experten einen neurobiologischen Standpunkt. Für sie ist das Bewußtsein ein Produkt des Gehirns, also ein biophysikalisches Phänomen. Nach Hans Jochen Heinze gibt es aber eine „Erklärungslücke zwischen meßbaren neurobiologischen Prozessen einerseits und phänomenalem Bewußtsein andererseits, für deren Schließung zur Zeit kein experimentell plausibler Ansatz existiert". Die offene Frage sei: Wie kommen Nervenzellnetzwerke, die zu kognitiven Leistungen verschiedenster Art fähig sind, dazu, ein inneres Erleben und eine Ich-Perspektive entstehen zu lassen? Vorerst versucht man, neurale Korrelate für Bewußtseinsvorgänge dingfest zu machen. Zu diesem Zweck will man einzelnen Bewußtseinserlebnissen neurale Aktivierungsmuster zuordnen. Allmählich setze sich die Auffassung durch, meint Heinze,

> „daß bewußtes Erleben, von der subjektiven Wahrnehmung elementarer Sinnesqualitäten bis hin zur Erfahrung des ‚Ich', kein Vorgang ist, der allein aus abstrakten kognitiven Prozessen resultiert; vielmehr gilt, daß körpervermittelte Gefühle, daß Lust und Schmerz an der Konstituierung der Ich-Perspektive wesentlichen Anteil haben".

Nach Antonio Damasio sind selbst abstrakte bewußte Erlebnisse stets von einem körpervermittelten Hintergrundgefühl begleitet. In *Descartes Irrtum – Fühlen, Denken und das menschliche Gehirn* schlägt der portugiesisch-amerikanische Hirnforscher vor, grundsätzlich seien alle Bewußtseinsvorgänge an körperbasierte Gefühle gebunden. Nach Damasio kann es folglich auch keinen selbstbewußten Computer geben.

Die meisten Neurowissenschaftler neigen der Auffassung zu, daß es keinen Steuermann gibt. Das Schiff steuert sich selbst. Die Person auf der vermeintlichen Kommandobrücke ist ein Passagier, der glaubt, er sei der Kapitän. Er sieht auf die Wellen, spürt den Wind, er blickt nach vorn und immer wieder zurück. Er redet ein Wörtchen mit bei der Kursfestlegung und beim Programm der Reise. Das Ich entsteht mit dem Blick in den Spiegel, mit der ersten blitzartigen Reflexion des anderthalbjährigen Kindes. Mag es noch so sehr dem eigenen Empfinden oder dem gesunden Menschenverstand zuwiderlaufen: Das Ich taucht aus komplexen nervösen Prozessen auf. Es entsteht mit der Nabelschau, die Nabelschau mit dem Ich. Zugleich entsteht das Gefühl, das Ich würde an der Spitze stehen, würde agieren, denken und wollen. Dabei müßten wir eigentlich seit Sigmund Freuds Entdeckung des Unbewußten wissen, daß wir nicht einmal Herr im eigenen Haus sind, vielmehr weitgehend von unserem Unbewußten, unseren Trieben bestimmt.

Das Faszinierende der Neurowissenschaftler, die Wahrnehmung

und Bewußtsein erforschen, liegt darin, daß sie uns selbst auf die Schliche kommen und uns zeigen, wie unsere Gehirne von Augenblick zu Augenblick Erlebniswelten erschaffen und die Dinge, die Menschen und das Selbst deuten. Und damit gewinnt der schöpferische Geist noch an Größe, wenn er uns die Dinge, die Menschen und das Ich in allen Facetten und Nuancen erleben läßt, ein ganzes Menschsein.

„Er kenne diese fremden Gebilde, seine Hände hätten sie gehalten. Aber gleich verfiel er wieder: sie lebten in Gesetzen, die nicht von uns seien und ihr Schicksal sei uns so fremd wie das eines Flusses, auf dem wir fahren. Und dann, ganz erloschen, den Blick schon in einer Nacht: um zwölf chemische Einheiten handele es sich, die zusammengetreten wären nicht auf sein Geheiß, und die sich trennen würden, ohne ihn zu fragen. Wohin solle man sich dann sagen? Es wehe nur über sie hin."

Gottfried Benn: „Gehirne"

Literatur

Geschichte der Hirnforschung

Breidbach, Olaf: Die Materialisierung des Ichs. Zur Geschichte der Hirnforschung im 19. und 20. Jahrhundert. Suhrkamp, Frankfurt a. M. 1997

Clarke, Edwin und Kenneth Dewhurst: Die Funktionen des Gehirns. Lokalisationstheorien von der Antike bis zur Gegenwart. Moos, München 1973

Clarke, Edwin und L. S. Jacyna: Nineteenth Century Origins of Neuroscientific Concepts. Berkeley 1987

Clarke, Edwin and C. D. O'Malley: The Human Brain and Spinal Cord. A Historical Study illustrated by Writings from Antiquity to the 20th Century. Norman Publishing, San Francisco 1996

Corsi, Pietro (Ed.): The Enchanted Loom. Chapters in the History of Neuroscience. Oxford University Press 1991

Draaisma, Douwe: Die Metaphernmaschine. Eine Geschichte des Gedächtnisses. Primus, Darmstadt 1999

Finger, Stanley: Origins of Neuroscience. A History of Explorations into Brain Function. Oxford University Press 1994

Gierer, Alfred: Die gedachte Natur. Ursprünge der modernen Wissenschaft. Rowohlt, Reinbek 1998

Hagner, Michael: Homo cerebralis. Der Wandel vom Seelenorgan zum Gehirn. Berlin Verlag, Berlin 1997

Hansen, Leeann: Medicine, Mind, and the Double Brain. A Study in Nineteenth-Century Thought. Princeton University Press 1987

Haymaker, Webb and Francis Schiller (Eds.): The Founders of Neurology. One Hundred and Forty-Six Biographical Sketches. Second Edition. Charles C. Thomas, Springfield 1970

Riese, Walther: A History of Neurology. New York 1959

Rose, F. C. and W. F. Bynum (Eds.): Historical Aspects of the Neurosciences. Raven Press, New York 1982

Worden, Frederick G., Judith P. Swazey and George Adelman (Eds.): The Neurosciences: Paths of Discovery. Cambridge/Mass. 1975

René Descartes

Descartes, René: Von der Methode des richtigen Vernunftgebrauchs und der wissenschaftlichen Forschung. Übers. und hg. von Lüder Gäbe. Felix Meiner, Hamburg 1960

Descartes, René: Über den Menschen (1632) sowie Beschreibung des menschlichen Körpers (1648). Übersetzt und kommentiert von Karl E. Rothschuh. Lambert Schneider, Heidelberg 1969

Descartes, René: Die Leidenschaften der Seele. Herausgegeben und übersetzt von Klaus Hammacher. Felix Meiner, Hamburg 1984

Gaukroger, Stephen: Descartes. An Intellectual Biography. Clarendon Press, Oxford 1995
Haldane, Elizabeth S.: Descartes. His Life and Times. Nachdruck der Ausgabe von 1905. Thoemmes Press, Bristol 1992
Perler, Dominik: René Descartes. C. H. Beck, München 1998
Reith, Herman R.: René Descartes: the story of a soul. University Press of America, Lanham 1986
Specht, Rainer: Descartes. Rowohlt, Reinbek 1998
Vrooman, Jack Rochford: René Descartes. A biography. G. P. Putnam's Sons, New York 1970

Samuel Thomas Soemmerring
Burdach, Karl Friedrich: Rückblick auf mein Leben. Selbstbiographie. Vierter Band aus: Blicke ins Leben. Leopold Voß, Leipzig 1848
Mühr, Alfred: Das Wunder Menschenhirn. 1957
Soemmerring, Samuel Thomas: Über das Organ der Seele. Nachdruck der Ausgabe Königsberg 1796. E. J. Bonset, Amsterdam 1966
Wagner, Rudolph: Samuel Theodor Soemmerrings Leben und Verkehr mit seinen Zeitgenossen. Reprint der Ausgabe von 1844. Hrsg. von F. Dumont. Gustav Fischer, Stuttgart 1986
Weber, Bernhard: „Über das Organ der Seele" Samuel Thomas Soemmerring (1796). Forschungsstelle des Instituts für Geschichte der Medizin der Universität zu Köln, Band 45, Köln 1987
Wenzel, Manfred: Samuel Thomas Soemmerring, Naturforscher der Goethezeit in Kassel. Stadtsparkasse Kassel, Kassel 1988
Wenzel, Manfred et al.: Samuel Thomas Soemmerring, Naturforscher der Goethezeit in Kassel. Weber und Weidemeyer, Kassel 1990

Franz Joseph Gall
Ackerknecht, Erwin H. und Henri V. Vallois: Franz Joseph Gall, inventor of phrenology and his collection. University of Wisconsin Medical School, Madison 1956
Lesky, Erna (Hrsg.): Franz Joseph Gall. Naturforscher und Anthropologe. Huber, Bern 1979
Mann, Gunter: Franz Joseph Galls kranioskopische Reise durch Europa (1805-1807): Fundierung und Rechtfertigung neuer Wissenschaft. Nachrichtenblatt d. Dt. Ges. für Geschichte der Medizin, Naturwissenschaften und Technik 34: 86-114, 1984
Mann, Gunter: Organ der Seele – Seelenorgan: Kranioskopie, Gehirnanatomie und die Geisteskrankheiten in der Goethezeit. In: Gunter Mann, Franz Dumont (Hg.): Gehirn – Nerven – Seele. Anatomie und Physiologie im Umfeld S. Th. Soemmerrings. Gustav Fischer, Stuttgart New York 1988
Oehler-Klein, Sigrid: Die Schädellehre Franz Joseph Galls in Literatur und Kritik des 19. Jahrhunderts. Zur Rezeptionsgeschichte einer medizinisch-biologisch begründeten Theorie der Physiognomik und Psychologie. Gutstav Fischer, Stuttgart New York 1990
Wegner, Peter-Christian: Franz-Joseph Gall 1758-1828. Studien zu Leben, Werk und Wirkung. Olms, Hildesheim 1991

Young, Robert M.: Mind, brain and adaptation in the nineteenth century. Oxford 1970

Pierre Paul Broca

Harrington, Anne: Medicine, Mind, and the Double Brain. A Study in Nineteenth-Century Thought. Princeton University Press, Princeton 1987

Lanczik, Horst Mario: Der Breslauer Psychiater Carl Wernicke. Werkanalyse und Wirkungsgeschichte als Beitrag zur Medizingeschichte Schlesiens. Dissertation Universität Würzburg, 1986

Schiller, Francis: Paul Broca. Founder of French Anthropology, Explorer of the Brain. Oxford University Press, Oxford 1992

Schiller, Francis: Leborgne – In Memoriam. Medical History, 1963: 79-81

John Hughlings Jackson

Brain, Russell Sir: Hughlings Jackson's Ideas of Consciousness in the Light of Today. In: Wellcome Historical Medical Library (Hg.): The History and Philosophy of Knowledge of the Brain and its Functions. An Anglo-American Symposium, London 1957. B. M Israel Amsterdam, 1973

Brazier, Mary A.: A History of Neurophysiology in the Nineteenth Century. Raven Press, New York 1988

Critchley, Macdonald and Eileen A. Critchley: John Hughlings Jackson – Father of English Neurology. Oxford University Press, New York 1998

Harrington, Anne: J. Hughlings Jackson. In: Hansen, Leeann: Medicine, Mind, and the Double Brain. A Study in Nineteenth-Century Thought. Princeton University Press, Princeton 1987

Robert J. Joynt: The Great Confrontation: The Meeting between Broca and Jackson in 1868. In: Rose, F. C. and Bynum, W. F. (Ed.): Historical Aspects of the Neurosciences. Raven Press, New York 1982

Emil du Bois-Reymond

Lennig, Petra: Leben und Werk Emil du Bois-Reymonds. In: Humboldt-Universität zu Berlin (Hg.): Emil du Bois-Reymond. Humboldt-Universität zu Berlin 1996

Mann, Gunter (Hg.): Naturwissen und Erkenntnis im 19. Jahrhundert: Emil Du Bois-Reymond. Gerstenberg, Hildesheim 1981

Rothschuh, Karl (Hg.): Von Boehaave bis Berger. Die Entwicklung der kontinentalen Physiologie im 18. und 19. Jahrhundert mit besonderer Berücksichtigung der Neurophysiologie. Vorträge eines internationalen Symposions zu Münster/Westf. 18.-20. September 1962. Gustav Fischer, Stuttgart 1964

Ruff, Peter W.: Emil du Bois-Reymond. Teubner, Leipzig 1981

Vidoni, Ferdinando: Ignorabimus! Emil du Bois-Reymond und die Debatte über die Grenzen wissenschaftlicher Erkenntnis im 19. Jahrhundert. Peter Lang, Frankfurt 1991

Charles Sherrington

Cohen of Birkenhead: Sherrington – Physiologist, Philosopher and Poet. Liverpool University Press, Liverpool 1958

Fulton, John F.: Charles Scott Sherrington. In: Kolle, Kurt (Hg.): Große Nervenärzte. Thieme, Stuttgart 1956

Granit, Ragnar: Charles Scott Sherrington – An Appraisal. Thomas Nelson, London 1966

Sherrington, Charles: The Brain and its Mechanism. Cambridge University Press 1933

Sherrington, Charles: The Integrative Action of the Nervous System. Cambridge University Press, Cambridge 1947

Sherrington, Charles: Man on his Nature. Second Edition. Cambridge University Press, Cambridge 1951

Cécile und Oskar Vogt

Hamperl, Herwig: Werdegang und Lebensweg eines Pathologen. F. K. Schattauer, Stuttgart, New York 1972

Hassler, Rolf: Die Erforschung des Gehirns. Zum 100. Geburtstag von Oskar Vogt. Frankfurter Allgemeine Zeitung am 6.4.1970

Kirsche, Walter: Oskar Vogt 1870-1959. Leben und Werk und dessen Beziehungen zur Hirnforschung der Gegenwart. Ein Beitrag zur 25. Wiederkehr seines Todestages. Sitzungsberichte der Akademie der Wissenschaften der DDR. Akademie Verlag, Berlin 1986

Reifenberg, Benno: Erinnerung an Oskar Vogt. Frankfurter Allgemeine Zeitung am 4.8.1959

Richter, Jochen: Oskar Vogt, der Begründer des Moskauer Staatsinstituts für Hirnforschung. Ein Beitrag zur Geschichte der deutsch-sowjetischen Wissenschaftsbeziehungen im Bereich der Neurowissenschaften. Psychiatrie, Neurologie und medizinische Psychologie 28 (7) 1976

Satzinger, Helga: Die Geschichte der genetisch orientierten Hirnforschung von Cécile und Oskar Vogt (1875-1962, 1870-1959) in der Zeit von 1895 bis ca. 1927. Deutscher Apotheker Verlag, Stuttgart 1998

Singer, Wolf: Untersuchungen am Gehirn Lenins. Oskar Vogt legte zusammen mit seiner Frau Cécile die Grundlagen für die moderne Hirnforschung. Frankfurter Allgemeine Zeitung am 3.4.1995

Spengler, Tilman: Lenins Hirn. Rowohlt, Reinbek 1994

James Papez

Damasio, Antonio R.: Descartes' Irrtum. Fühlen, Denken und das menschliche Gehirn. dtv, München 1999 (4. Aufl.)

Finger, Stanley: Origins of Neuroscience. A History of Explorations into Brain Function. Oxford University Press, New York Oxford 1994

Haymaker, Webb and Francis Schiller (Ed.): The Founders of Neurology. Second Edition. Charles C. Thomas, Springfield 1970

Livingston, Kenneth E. und Hornykiewicz, Oleh (Ed.): Limbic Mechanisms. The Continuing Evolution of the Limbic System Concept. Plenum Press, New York 1978

Mettler, Fred A.: James Wenceslas Papez. The Anatomical Record, Vol. 131, No. 2:279-282 1958

Papez, James: A Proposed Mechanism of Emotion. Archives of Neurology and Psychiatry, No. 38:725-743 1937

Schwartz, Steven: Wie Pawlow auf den Hund kam ...: die 15 klassischen Experimente der Psychologie. Beltz, Weinheim 1991

Wilder Penfield

Lewis, Jefferson: Something hidden. A Biography of Wilder Penfield. Doubleday, Toronto 1981

Penfield, Wilder: The Excitable Cortex in Conscious Man. Liverpool University Press, Liverpool 1958

Penfield, Wilder: The Mystery of the Mind. Princeton University Press, Princeton 1975

Penfield, Wilder: No Man Alone. A Neurosurgeon's Life. Little, Brown and Company, Boston 1977

Penfield, Wilder and Theodore Rasmussen: The Cerebral Cortex of Man. Macmillan, New York 1952

Roger Sperry

Erdmann, Erika and David Stover: Beyond a World Divided. Human Values in the Brain-Mind Science of Roger Sperry. Shambhala, Boston 1991

Gazzaniga, Michael S.: Rechtes und linkes Gehirn: Split-Brain und Bewußtsein. Spektrum der Wissenschaft, Dezember 1998

Sperry, Roger W.: In Search of Psyche. In: Worden, Frederick et al.: The Neurosciences: Paths of Discovery. Cambridge, Massachusetts, 1975

Sperry, Roger W.: A Modified Concept of Consciousness. Psychological Review, Vol. 76, No. 6, 1969, pp. 532-536

Sperry, Roger W.: New Mindset of Consciousness. Interview in: On Campus, October 1987. http://www.theosophy-nw.org/theosnw/science/sc-sper.htm

Voneida, Theodore J.: Roger Wolcott Sperry. http://www.nap.edu/reading room/books/biomems/rsperry.html

Three Pioneers of the Brain. TIME, October 19, 1981

A Brief History of Split Brain Experiments. http://www.macalstr.edu/~psych/whathap/UBNRP/Split_Brain/Pioneers.html

Splitting The Human Brain. http://www.indiana.edu/~pietsch/split-brain.html

The Split-Brain. http://unr.edu/homepage/otto/CH2/split.html

John C. Eccles

Bremer, Manuel: John C. Eccles, How the Self Controls its Brain. http://minerva.filosoficas.unam.mx/~sorites/Issue_09/item/.htm

Damasio, Antonio: Descartes Irrtum. Fühlen, Denken und das menschliche Gehirn. dtv, München 1998

Eccles, John C.: Under the Spell of the Synapse. In: Worden, Frederick et al.: The Neurosciences: Paths of Discovery. Cambridge, Massachusetts, 1975

Eccles, John C.: My Scientific Odyssey. Ann. Rev. Physiology 39: 1-18, 1977

Eccles, John C.: Das Rätsel Mensch. Die Gifford Lectures an der Universität von Edinburgh 1977-1978. Ernst Reinhardt, München 1982

Eccles, John C.: Die Psyche des Menschen. Die Gifford Lectures an der Universität von Edinburgh 1978-1979. Ernst Reinhardt, München 1985

Eccles, John C.: Die Evolution des Gehirns – die Erschaffung des Selbst. Piper, München 1989

Eccles, John: Gehirn und Seele. Aus Forschung und Medizin, Heft 1, 1990

Eccles, John C.: Wie das Selbst sein Gehirn steuert. Piper, München 1994

Eccles, John C. und Daniel N. Robinson: Das Wunder des Menschseins – Gehirn und Geist. Piper, München 1985

Heinze, Hans Jochen: Bewußtsein und Gehirn. In: Detlev Ganten u. a. (Hrsg.): Gene, Neurone, Qubits & Co. Unsere Welten der Information. Hirzel, Stuttgart 1999

Popper, Karl R. und John C. Eccles: Das Ich und sein Gehirn. Piper, München 1982

Stotz, Gabriele: Person und Gehirn. Historische und neurophysiologische Aspekte zur Theorie des Ich bei Popper/Eccles. Georg Olms, Hildesheim 1988

Abbildungsnachweis

Seite 12: René Descartes. Photo: Archiv für Kunst und Geschichte, Berlin
Seite 30: Samuel Thomas Soemmerring. Photo: Deutsches Museum München
Seite 44: Franz Joseph Gall. Photo: Archiv für Kunst und Geschichte, Berlin
Seite 60: Pierre Paul Broca. Photo: Archiv für Kunst und Geschichte, Berlin
Seite 75: John Hughlings Jackson. Photo: Wellcome Library, London
Seite 87: Emil du Bois-Reymond. Photo: Deutsches Museum München
Seite 102: Charles Sherrington. Photo: Deutsches Museum München
Seite 117: Cécile Vogt. Photo: Archiv für Kunst und Geschichte, Berlin
Seite 119: Oskar Vogt. Photo: Bilderdienst Süddeutscher Verlag, München
Seite 132: James Papez. Photo: Prof. Lothar Pickenhain, Leipzig
Seite 141: Wilder Penfield. Photo: Judy Little, aus: Wilder Penfield, No Man Alone. A Neurosurgeon's Life. Little Brown and Company, Boston/Toronto 1977
Seite 155: Roger Sperry. Photo: Bilderdienst Süddeutscher Verlag, München
Seite 167: John C. Eccles. Photo: Archiv für Kunst und Geschichte, Berlin

Bewußtsein und Denken bei C. H. Beck

Holk Cruse / Jeffrey Dean / Helge Ritter
Die Entdeckung der Intelligenz oder Können Ameisen denken?
Intelligenz bei Tieren und Maschinen
1998. 278 Seiten mit 71 Abbildungen. Gebunden

Heinz Häfner
Das Rätsel Schizophrenie
Eine Krankheit wird entschlüsselt
2000. 415 Seiten mit 44 Abbildungen und 41 Tabellen. Broschiert

Detlef Linke
Das Gehirn
2. Auflage. 2000. 101 Seiten mit 12 Abbildungen. Paperback
Beck'sche Reihe Band 2121
C. H. Beck Wissen

Detlef Linke
Einsteins Doppelgänger
Das Ich und sein Gehirn
2000. 158 Seiten mit 3 Abbildungen. Klappenbroschur

Colin McGinn
Wie kommt der Geist in die Materie?
Das Rätsel des Bewußtseins
Aus dem Englischen von Susanne Kuhlmann-Krieg
2001. Etwa 270 Seiten. Broschiert

Reinhard Werth
Hirnwelten
Berichte vom Rande des Bewußtseins
1998. 231 Seiten mit 11 Abbildungen. Gebunden

Verlag C. H. Beck München

Sternstunden bei C. H. Beck

Otto A. Böhmer
Sternstunden der Philosophie
Schlüsselerlebnisse großer Denker von Augustinus bis Popper
Unveränderter Nachdruck des Bandes BsR 1030. 1998. 215 Seiten.
Paperback
Beck'sche Reihe Band 4015

Otto A. Böhmer
Neue Sternstunden der Philosophie
Schlüsselerlebnisse großer Denker von Platon bis Adorno
3. Auflage. 1999. 188 Seiten. Paperback
Beck'sche Reihe Band 1130

Thomas Bührke
Newtons Apfel
Sternstunden der Physik. Von Galilei bis Lise Meitner
3., durchgesehene Auflage. 1998. 260 Seiten mit 12 Abbildungen. Paperback
Beck'sche Reihe Band 1202

Peter Düweke
Darwins Affe
Sternstunden der Biologie
2000. 167 Seiten mit 11 Abbildungen. Paperback
Beck'sche Reihe Band 1351

Ernst F. Schwenk
Sternstunden der frühen Chemie
Von Johann Rudolph Glauber bis Justus von Liebig
2., überarbeitete Auflage. 2000. 288 Seiten mit 42 Abbildungen. Paperback
Beck'sche Reihe Band 1252

Rainer Vollkommer
Sternstunden der Archäologie
2000. 231 Seiten mit 21 Abbildungen und 2 Karten im Text. Paperback
Beck'sche Reihe Band 1395

Verlag C. H. Beck München